달은
대단하다

사이키 가즈토 지음 | 김효진 옮김

시작하며

대항해 시대나 산업혁명 같은 인류 역사의 전환점에 살았던 사람들 중에 당시의 흐름을 실감했던 사람이 얼마나 될까.

이런 의문이 든 것은 바로 지금이 우주를 향한 인류의 대항해 시대가 시작되는 출발점인 동시에 우주를 무대로 한 산업혁명이 태동하는 시점이라는 강렬한 느낌 때문이었다. 하지만 이런 흐름을 체감하는 사람은 아직 많지 않은 듯하다.

대항해 시대에 유럽인들이 향한 신대륙은 아프리카, 아시아, 아메리카 대륙이었다. 그렇다면 또 다른 신대륙과 신산업혁명의 열쇠를 쥐고 있는 달은 과연 어떤 천체일까. 어떤 광물에 덮여 있을까, 진공 상태의 달 표면을 떠도는 물질은 무엇일까, 물은 있을까, 더울까, 추울까.

이 책은 그런 이야기에서부터 출발하지만, 이왕이면 아득히 먼 곳에서 바라본 달이 아니라 달 표면에 서 있다는 생각으로 달의 실태에 접근하고 싶다. 일부 한정된 우주 비행사뿐 아니라 우리가 직접 달에 서게 될 시대가 머지않았기 때문이다.

아직 먼 미래의 일일까?

확실히 아폴로 계획이 종료된 이후 40년 넘게 인류는 달에 가지 않았다. 그것은 아폴로 계획이 미국과 소련이라는 두 대국 간 냉전의 부산물이라는 특수한 사정으로 실현된 계획이었기 때문이다. 그 후 과학과 기술이 발전하면서 훨씬 낮은 비용으로 많은 나라들이 달 개척에 나설 수 있게 되었다. 하물며 민간 기업에서도 달 탐사나 달 여행을 계획하는 시대가 왔다.

최근 수년 새 세계정세는 크게 바뀌었다. 근래의 달 탐사에 의한 새로운 자원의 발견, 국제 우주정거장 종료 예정에 따른 새로운 국제 질서 안전보장 장치의 필요성, 중국의 급속한 우주 개발에 대한 대응 등 각 방면의 다양한 예측을 바탕으로 달 개발을 전망하는 물결이 일기 시작해 이제는 누구도 막을 수 없는 거센 파도가 되었다. 바야흐로 인류는 역사의 전환점을 맞고 있다.

이 전환점은 앞서 이야기한 것처럼 대항해 시대와 산업혁명이 동시에 도래하는 것과 같다.

15세기 중반부터 17세기에 걸친 대항해 시대에 유럽인들은 아프리카 대륙, 아시아 대륙, 아메리카 대륙으로 변경을 확대했으며 그 과정에서 세계적 규모의 무역과 보험 등의 다양한 사회 시스템을 만들어냈다. 대륙의 원주민들에게는 침략에 맞선 투쟁의 역사이지만 이 시대가 그 후의 세계 세력 판도에 크게 영향을 미친 것만은 틀림없다.

아프리카 대륙에서 처음 탄생한 것으로 알려진 인류는 대항해 시대가 오기 훨씬 전부터 유라시아 대륙, 북아메리카 대륙, 남아메리카 대륙, 오스트레일리아 대륙, 남극 대륙으로 활동 범위를 넓혀왔다. 그리고 오늘날 다음 대륙인 '달'로 그 변경을 확대하려 하고 있다. 대항해 시대 이전에 일본에 건너와 정주한 일본인에게는 '변경'이라는 개념보다 '일곱 번째 대륙'이라는 표현이 인류가 지향하는 방향성을 좀 더 구체적으로 떠올리기 쉽지 않을까.

일곱 번째 대륙 '달'은 아프리카 대륙과 오스트레일리아 대륙을 합친 정도로 광대한 대지이다. 그리고 그곳에는 화성이나 목성 혹은 토성으로 인류의 활동 반경을 넓혀줄 자원이 잠들어 있다. 이 신대륙을 세계 각국이 어떻게 개발할 것인지에 따라 향후 태양계의 세계지도가 결정된다고 해도 과언이 아니다.

그와 동시에 신산업혁명이 일어날 것이다.

18세기 중반부터 19세기에 걸친 산업혁명 시대에는 제철과 증기기관이 산업과 사회 구조의 변혁을 가져왔다. 그 바탕에는 '철광석'과 '석탄' 자원이 있었다. 더 나아가 산업혁명은 인류의 자연관도 크게 바꿔놓았다.

산업혁명이 진화론을 낳았다고 하면 놀라는 사람도 있을 것이다. 산업혁명 당시 영국에 만연한 기독교적 세계관에 따르면 인류를 비롯한 현존하는 동물의 모든 종류는 천지창조로 탄생했다고 여겼다.

그런데 영국에서 석탄을 운반하기 위한 운하를 건설하던 중, 지하에서 처음 보는 생물의 화석이 발견되었다. 또 지층에 따라 생물 화석의 종류도 변화했다. 영국 내 다른 지역에서도 마찬가지로 미지의 생물 화석 그룹이 비슷한 지층 순으로 발견되었다. 이런 사실을 알게 된 운하 기술자 윌리엄 스미스(William Smith)는 1799년 세계 최초의 지질도를 완성했다. 그 바탕에는 '과거 지구에는 인류가 존재하지 않았으며 현대와는 다른 생물이 활동하던 세계가 있었을 것'이라는 새로운 관념이 있었다. 이런 생각이 훗날 진화론으로 이어진다.

순수한 호기심만으로 지하의 비밀을 밝혀내기란 쉽지 않았을 것이다. 그곳에 인류의 생활을 풍요롭게 만들 광석이 있었기에 인류는 목숨을 걸고 광산의 비밀을 찾아 지하 세계를 파헤쳤다.

달의 자원, 우주의 자원을 찾아나서는 여행은 지구의 기원과 태양계의 기원, 더 나아가 생명의 기원에 얽힌 비밀을 밝히는 여행이기도 하다.

'달'이라는 신대륙에 도달한 인류는 어떤 체험을 하게 될까. 그곳에서 얻는 것은 무엇이며, 변경 확대에 어떻게 활용해나갈 것인가.

달 탐사·개발 움직임은 최근 1, 2년 새 급격히 속도가 빨라지고 있다. 일본의 항공우주국(JAXA)은 2022년에 소형 달 착륙 실증기 SLIM을, 2023년에는 인도와 공동으로 달 극역(極域) 탐사선을 발사할 예정이다. 또 2030년경에는 미국, 유럽, 영국과 협력해 달 상공에 건설하는 국제 우주정거장에서 달로 유인 탐사선을 보낼 계획이다. 중국은 2019년 1월 사상 최초로 달의 뒷면에 무인 탐사선을 착륙시켰으며, 2030년쯤에는 중국 주도의 달 기지를 건설하겠다고 선언했다.

결국 미국도 달 재상륙 계획을 추진하며 달 상공의 우주정거장 건설을 기다리지 않고 2024년까지 독자적으로 유인 달 착륙을 시도할 것이라고 발표했다.

그와 별개로 민간의 달 탐사도 시작되었다. 2019년 2월 이스라엘의 민간단체가 민간 최초로 달 탐사선을 발사했다. 일본의 민간 기업 아이스페이스(ispace)사도 2021년과 2023년 달 착륙 탐사선을 쏘아 올릴 예정이다.

내가 일본의 달 탐사 계획에 참여하게 된 지도 24년이 된다. 2017년 말 무렵부터 순풍을 맞은 달 탐사 계획은 이전과는 차원이 다른 강세를 보이고 있다. 이 책을 덮을 때쯤이면 독자들도 그 이유와 추세를 실감할 수 있을 것이다.

앞으로 수십 년간 인류가 달에서 시도하는 다양한 활동은 향후 수백 년에 걸친 인류의 생활과 세계정세에 커다란 영향을 미칠 것이다. 즉, 우리 세대는 미래 인류에 절대적인 영향을 미칠 다양한 선택을 하게 될 것이다.

이 책을 다 읽은 후에는 우주 개발에 관한 수많은 뉴스가 달의 변경 확대와 어떤 관련이 있는지 추측할 수 있게 될 것이다. 그러면 지금 이 특별한 시대를 더욱 즐길 수 있을 것이다. 또 어떤 형태로든 인류의 선택에 참가했으면 한다. 그 힌트도 이 책 곳곳에 담아 두었다.

목차

마리우스 언덕의 수혈
무지개만
아리스타르코스
비의 바다
평온의 바다
위난의 바다
폭풍의 대양
케플러
고요의 바다
코페르니쿠스
고요의 바다 수혈
아폴로 11호 착륙 지점
풍요의 바다
핸스틴·알파
감로주의 바다
구름의 바다
습기의 바다
SLIM 착륙 목표 지점
티코

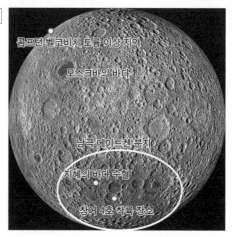

콤프턴·벨코비치 토륨 이상 지역
모스크바의 바다
남극 에이트켄 분지
지혜의 바다 수혈
창어 4호 착륙 장소

달 지도
미국의 달 궤도 탐사선 루나 리커니슨스 오비터가 촬영한 사진(NASA/LRO)
에 이 책에 나오는 지명을 표시했다.

프롤로그
– 지식의 재확인

달처럼 지형의 특징까지 관찰할 수 있는 천체가 하늘에 떠 있다는 것은 굉장히 흥미로운 일이다. 이런 천체가 하늘에 떠 있는데 어째서 인류는 고대부터 근대에 이르는 수천 년의 세월 동안 지구를 구체(球體)로 생각지 않았는지 오히려 이상할 지경이다. 물론 지식을 얻은 후 바라보는 달과 아무것도 모른 채 바라보는 달은 크게 다를 것이다.

평소 무심코 올려다보는 달에 대해 우리는 얼마나 알고 있을까. 달은 왜 늘 같은 모양일까. 오스트레일리아에서 보는 달과 일본에서 보는 달의 모양은 같을까. 어제 본 달은 오늘 언제 어떤 모양으로 나타날까. 왜 전 세계에서 볼 수 있는 월식과 달리 일식은 일부 지역에서만 볼 수 있을까. 달은 어떻게 간조와 만조를 일으킬까. 이번 장에서는 달에 관한 지식을 정리하며 지구에서 바라본 달에 대해 더욱 자세히 알아본다.

달까지의 거리

지구에서 달까지의 거리는 38만 km이다. 빛의 속도는 초속 30만 km이므로 달에서 빛이 도달하기까지 약 1.27초가 걸린다. 전파나 빛은 모두 전자파의 일종이어서 같은 속도로 전달된다. 달에 있는 우주 비행사와 무선기로 대화할 경우 내 말이 전달되는 데 1.27초, 상대방의 대답이 돌아오는 데도 1.27초가 걸리기 때문에 서로의 답변을 기다리는 데 총 2.5초의 부자연스러운 간극이 생긴다. 이야기를 나누기에는 다소 불편한 시차이다.

하지만 대화가 어려운 거리는 아니다. 천문학계에서는 먼 거리를 측정할 때 광년이라는 단위를 사용한다. 빛이 도달하는 데 걸리는 시간으로 거리를 표현하는 방법인데 이 방법을 사용하면 지구에서 달까지는 1.27광초가 된다. 지구와 가장 가까운 행성인 화성은 지구와 가장 가까워질 때의 거리가 약 5,800만 km로, 193광초가 된다. 또 태양까지의 거리는 약 1억 5,000만 km로, 499광초이다.

태양계에서 가장 가까운 항성(태양과 같이 스스로 빛을 내는 천체)은 프록시마 별로 지구와는 4.2광년 거리에 있다. 달과 비교하면 엄청난 거리이다. 하지만 프록시마 별 주위에 고도의 문명을 지닌 우주인이 사는 행성이 있고, 그들이 지구에서 방출된 미약한 텔레비전 전파를 수신하는 기술을 가졌다면 4년 전 텔레비전 방송을 보게 될 것이다. 그렇게 생각하면 의외로 가깝게 느껴진다.

그러나 우주는 훨씬 광대하다. 우리가 속한 은하계의 지름은 약

10만 광년이다. 우주의 크기는 관측 가능한 범위만으로도 지구를 중심으로 반지름 약 464억 광년에 이르며 전 우주는 그보다 훨씬 광대할 것으로 여겨진다.

천체의 크기 비교

일단 태양계 스케일로 돌아와 천체의 크기와 거리감을 조금 더 구체적으로 그려보자. 태양을 지름 100cm의 구체라고 생각해보자.

이때 각 행성과 달의 크기를 〈그림 1〉과 〈표 1〉로 나타냈다. 어떤가. 의외로 달이 수성이나 화성에 비해 크다는 것, 지구가 토성이나 목성과 비교하면 매우 작은 천체라는 사실을 알 수 있을 것이다. 화성이 지구의 절반 정도 크기인 데 비해 달은 지구의 4분의 1 크기이다. 만약 화성이 달 정도 거리에 있었다면 달 지름의 2배 크기로 보였을 것이라고 상상하면 재미있다. 또 압도적으로 큰 태양의 크기도 새삼 깨닫게 될 것이다.

이제 이런 천체들이 얼마나 떨어져 있는지 거리를 가늠해보자. 태양으로부터의 거리를 앞에서와 마찬가지 축척으로 정리한 것이 표-2이다. 어릴 때는 태양과 가까운 순서대로 '수-금-지-화-목-토-천-해-명'이라고 외웠지만 명왕성은 비슷한 궤도에 비슷한 크기의 천체가 많다는 사실이 밝혀지면서 2006년 행성이 아닌 왜소행성으

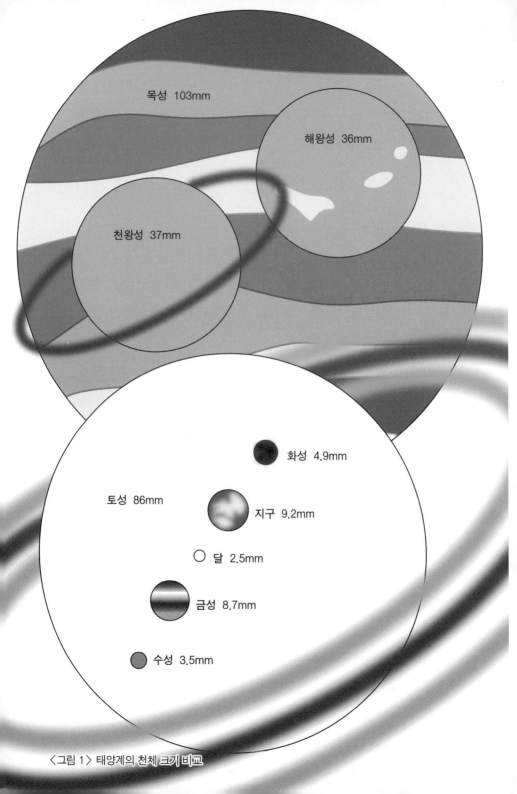

목성 103mm

해왕성 36mm

천왕성 37mm

화성 4.9mm

토성 86mm

지구 9.2mm

달 2.5mm

금성 8.7mm

수성 3.5mm

〈그림 1〉 태양계의 천체 크기 비교

〈표 1〉 태양계의 천체 크기 비교

	적도 반지름 (km)	태양의 크기(지름)를 100cm로 보았을 때의 크기 (cm)
태양	696,000	100
지구	6,378	0.92
달	1,738	0.25
수성	2,439	0.35
금성	6,052	0.87
화성	3,397	0.49
목성	71,398	10.26
토성	60,000	8.62
천왕성	25,560	3.67
해왕성	24,760	3.56

〈표 2〉 태양과의 거리
(달은 지구와의 거리)

	태양과의 거리 (천문단위)	그림-1과 동일한 축척일 때의 거리(m)
지구	1	108
수성	0.39	42
금성	0.72	78
화성	1.52	164
목성	5.2	559
토성	9.6	1,027
천왕성	19.2	2,066
해왕성	30.1	3,237
달	지구로부터 38만 km	지구로부터 28cm

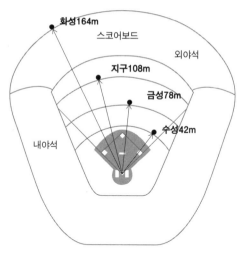

화성164m

스코어보드

외야석

지구108m

금성78m

수성42m

내야석

〈그림 2〉 고시엔 야구장과 소형 태양계

로 격하되었다.

앞에서와 마찬가지 축척으로 달과 지구의 거리를 계산하면 28cm가 된다. 이 거리는 지구 둘레를 아홉 바퀴 반 돌았을 때의 거리라고 생각하면 의외로 가깝게 느껴진다. 한편 태양에서 행성까지의 거리는 꽤 멀다. 수성까지의 거리는 42m. 일본의 고시엔(甲子園) 야구장 내부 지도에 천체를 배치해보았다(그림-2). 야구팬이 아니어도 텔레비전 뉴스 등에서 본 기억이 있을 것이다. 금성까지의 거리는 78m. 지구는 108m. 여기까지가 그라운드의 범위 안이다. 화성까지의 거리는 164m. 대홈런이다.

이후로는 구장을 벗어나기 때문에 다른 방법으로 가늠해보자. 먼 거리는 스마트폰의 지도 애플리케이션 등에서 살고 있는 지역의 지도를 불러와 거리를 재어보면 이해가 쉽다. 꼭 자신이 살고 있는 지역의 지도로 시도해보기 바란다. 구글 맵의 '거리 측정' 기능을 사용하면 간단히 두 지점 사이의 거리를 알 수 있다. 도쿄와 오사카를 예로 들어 설명해보자(그림 3).

목성까지의 거리는 약 559m, 토성은 약 1km, 천왕성은 2.1km, 해왕성은 약 3.2km이다. 이 거리를 도쿄와 오사카의 유명한 장소를 중심으로 살펴보자. 도쿄는 JR 시부야역의 충견 하치공 동상 앞(ハチ公前), 오사카는 JR 오사카역 시공의 광장(時空の広場)을 중심으로 작게 줄인 행성을 배치한다.

도쿄의 경우 하치공 동상 앞에 지름 100cm의 태양을 배치하고 고엔도오리(公園通り) 언덕을 올라가면 NHK 방송국 부근에 지름 10.3cm의 목성이 떠 있다. 계속 걸어서 국립 요요기경기장을 지난 지점에 지름 8.6cm의 토성이 있다. 천왕성(3.7cm)은 요요기우에하라(代々木上原)역 부근 혹은 서쪽으로 곧장 간 경우에는 고마바도다이마에(駒場東大前)역과 이케노우에(池ノ上)역의 중간 지점이다. 해왕성(3.6cm)은 산겐자야(三軒茶屋)나 시모기타자와(下北沢)역까지 멀어진다.

마찬가지로 오사카의 경우 태양이 있는 시공의 광장에서 560m 떨어진 목성(10.3cm)은 공중 정원이 있는 스카이 빌딩 부근에 해당한다. 1km 거리의 토성(8.6cm)은 다음 역인 후쿠시마(福島)역 부근. 요도야바시(淀屋橋)역도 비슷한 거리이다. 2.1km 거리의 천왕성(3.7cm)은 주소(十三) 방면으로 걸어서 요도가와(淀川)강의 다리를 지

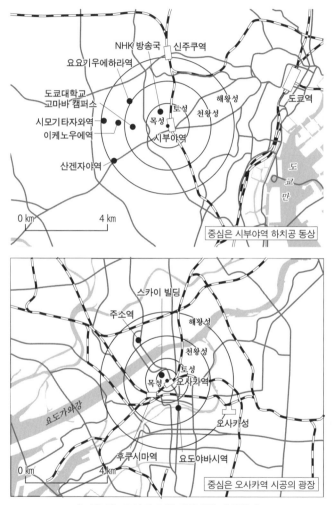

<그림 3> 도시에 소형 태양계를 배치했다.

난 지점, 3.2km 거리의 해왕성은 오사카성 부근이다.

미국의 탐사선 보이저(Voyager)호는 태양계의 끝자락을 발견했다. 태양에서 나오는 입자들의 흐름인 태양풍의 영향을 관측할 수 없게 되는 지점이다. 그곳은 태양~지구 간 거리의 120배, 무려 13km나 떨어진 지점이다. 예컨대 하치공 동상 앞이라면 조후(調布)나 미타카(三鷹) 혹은 무시시노(武蔵野)시 부근에 해당하며, 시공의 광장이라면 미노오(箕面)나 야오(矢尾)시 부근이다. 태양계의 크기도 굉장하지만 인간이 만든 우주 탐사선이 이렇게 먼 곳까지 날아가 지구로 관측 자료까지 보냈다는 사실에는 놀라움을 금할 수 없다.

여기서 다시 한 번 이 광대한 태양계의 주요 물질인 행성의 크기를 〈표 1〉을 통해 떠올려보자. 태양계가 얼마나 한산한 공간인지 알 수 있을 것이다.

그렇다면 이 축척으로 가장 가까운 항성은 어느 정도 거리에 있을까. 4.2광년 떨어진 프록시마 별까지 약 2만9,000km이다. 지구를 한 바퀴 돌았을 때의 거리가 4만 km이므로 지구 둘레를 4분의 3바퀴 도는 정도의 거리이다. 한산하기 이를 데 없는 태양계조차 항성 간의 거리에 비하면 물질이 조밀하게 모여 있는 공간인 것이다.

늘 같은 모양의 달

의외로 많이 알려지지 않았지만 달은 늘 같은 면을 지구로 향하고 있다. 지구에서 보이는 면을 달의 앞면, 지구에서는 보이지 않는 면을 달의 뒷면이라고 부른다. 영어로는 각각 니어 사이드(near side, 가까운 쪽), 파 사이드(far side, 먼 쪽)라고 부르는데 영어식 표현이 더 이해가 쉽다는 생각도 든다. 왜 늘 같은 면이 지구를 향해 있는가 하면, 더 무거운 달의 앞면이 지구의 인력에 끌려오기 때문이다. 늘 같은 면이 지구를 향해 있다는 것은 달이 스스로 회전하는 자전과 지구 주위를 도는 공전의 주기가 같다는 말이다. 이런 상황을 자전이 행성에 고정되었다고 표현한다.

달이 지구 둘레를 도는 공전주기는 약 27.3일로, 자전주기와 일치한다. 그런데 만월에서 다시 만월이 되기까지의 주기는 약 27.3일이 아니라 약 29.5일이다. 이 문제는 가벼운 두뇌 운동도 될 수 있으니 〈그림 4〉를 보며 꼭 한번 생각해보기를 바란다.

우주에서 지구의 북극 상공을 바라보았을 때 지구는 반시계 방향으로 자전한다. 지구가 태양 둘레를 도는 것도 반시계 방향. 달이 지구 둘레를 도는 것도 반시계 방향이다. A의 만월이 공전주기만큼 이동한 지점이 B이다. 달은 한 바퀴 돌았지만 달과 지구와 태양은 일직선상에 놓이지 않는다. 일직선상에 놓이지 않으면 지구에서는 만월을 볼 수 없다. 만월이 되려면 달이 반시계 방향으로 조금 더 공전해야 한다. 이것이 27.3일과 29.5일의 차를 만든다.

다시 자전의 고정에 관한 이야기로 돌아가자. 자전이 행성에 고

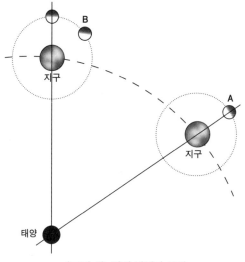

<그림 4> 달의 자전과 공전

정되는 것은 드문 현상은 아니다. 목성의 갈릴레오 위성이라고 불리는 가니메데, 유로파, 이오, 칼리스토의 4대 위성과 화성의 2대 위성인 포보스와 데이모스도 각각 행성에 고정되어 있다.

자전이 고정되면 지구에서는 늘 같은 면의 달을 보게 되고 달에서는 지구가 늘 같은 위치에 보인다. 달의 뒷면에 기지를 지으면 영원히 지구를 볼 수 없지만 앞면에서는 항상 지구가 보인다.

일본의 달 탐사 위성 '가구야'에 탑재된 하이비전 카메라로 촬영한 '지구돋이(Earthrise)'라는 영상이 널리 알려졌다. 달의 지평선에서 지구가 떠오르는 영상인데 지금까지의 설명으로 알 수 있듯 달에 살게 되면 '해돋이'는 볼 수 있어도 '지구돋이'는 볼 수 없다. 달

〈그림 5〉 달의 앞면(위)과 뒷면(아래) (NASA/LRO)

상공을 비행하는 가구야가 달의 뒷면에서 앞면으로 돌아왔기 때문에 지구가 떠오르는 것처럼 보인 것이다.

〈그림 6〉 세계에서 가장 유명한 지구의 사진. 블루 마블 (NASA)

달의 뒷면

인류가 탄생한 지 약 260만 년이 지났다고 하는데 불과 60년 전까지 인류는 달의 뒷면을 보지 못했다. 1959년 구소련의 무인 달 탐사선 루나 3(Luna 3)호가 촬영한 사진에서 인류는 달의 뒷면을 처음 보게 되었다. 흥미롭게도 달 앞면에 있는 크레이터에는 유럽이나 미국 출신 위인들의 이름이 붙은 예가 많지만, 달의 뒷면은 구소련이 최초로 촬영했기 때문에 원소의 주기표를 만든 화학자 멘델레예프나 로켓 연구자 치올콥스키 등 러시아계 위인들의 이름이 붙은 경우가 많다.

인류가 육안으로 달의 뒷면을 본 것은 1968년 달 착륙에 앞서 준비 과정을 수행하던 유인 달 궤도탐사선 아폴로 8호를 통해서였다. 달의 앞면과 뒷면을 비교한 사진이 〈그림 5〉이다. 달 앞면과 뒷면의 어두운 부분의 면적이 크게 차이가 난다는 것을 알 수 있다. 이런 차이가 생기는 원인은 지금도 달 과학 최대의 수수께끼이다. 참고로 인류가 육안으로 지구 전체를 본 것도 아폴로 8호의 우주 비행사가 최초였다. 〈그림 6〉은 아폴로 17호가 촬영한, 아마도 세계에서 가장 유명한 지구의 사진인 '블루 마블(The Blue Marble, 푸른 구슬)'이다. 지구 전체의 모습은 지구로부터 멀리 떨어진 곳이 아니면 볼 수 없다. 인류는 달 여행에 나선 후에야 비로소 자신이 사는 행성, 지구의 모습을 볼 수 있었던 것이다.

이 사진은 당시 인류에게 큰 충격을 안겼다. 지구 주위에는 광대한 우주 공간이 펼쳐져 있으며, 인류가 생활하는 범위는 지구를 사과에 비유한다면 사과 껍질보다 얇은 대기층 안에 한정되어 있다는 것을 실감했기 때문이다. 이 사진이 공개되면서 '우주선 지구호'라는 용어가 탄생했다. '우리가 살아가는 한정된 공간을 지키고 보호해야 한다'는 발상이 생겨난 것이다.

달의 모양

달의 모양 변화는 〈그림 7〉을 참고하면 쉽게 이해할 수 있을 것이다. 나 역시 어릴 때 〈그림 7〉과 같은 그림을 통해 처음으로 달의 모양 변화를 이해했다. 초등학교 과학 교과서에는 '초저녁 동쪽 하늘에 떠오르는 것이 보름달'과 같이 통째로 암기하게 되어 있었지만 암기가 서툴렀던 나는 외우지 못했다. 하지만 〈그림 7〉과 같이 북극 상공에서 보면 전부 반시계 방향으로 돌고 있다는 것만 기억하면 그림을 보며 지구의 일정 시간에 달의 모양이 어떻게 보이는지 알 수 있다. 암기가 서툰 사람에게 추천하고 싶은 방법이다.

그런데 과학 교과서를 만드는 출판사 관계자의 말에 따르면 교과서에는 상위 학년에서 배우는 정보는 실을 수 없다고 한다. '초저녁 동쪽 하늘에 떠오르는 것이 보름달'이라고 가르치는 학년에서는 아직 지동설을 가르치지 않기 때문에 〈그림 7〉과 같은 내용을 싣지 못한다는 것이다. 교과서는 교과 내용의 지표이기 때문에 사정은 이해하지만, 교육 현장에서 달의 모양이 바뀌는 이유에 대해 관심을 갖는 학생이 있다면 선생님은 그 학생을 조금 더 빨리 천동설의 세계로부터 해방시켜주길 바란다.

이제 〈그림 7〉로 달의 모양 변화에 대해 이해해보자. 지구에서의 시간은 지구에 있는 사람의 위치와 태양의 방향 간의 관계로 대강 알 수 있다. 한 가지 주의해야 할 것은 지구에서 태양까지의 거리이다. 태양은 아주 멀리 떨어져 있기 때문에 그림 위쪽에서 태양빛이 수직으로 달과 지구를 비춘다고 생각하자.

지구가 반시계 방향으로 돌고 있기 때문에 가는 날이 새고 태양이 보이기 시작하는 위치이다. 이때 지구 적도에 있는 사람의 바로 위에 떠 있는 달 A는 반달이다. 일본은 적도보다 북쪽에 있기 때문에 달은 바로 위가 아니라 남쪽 하늘에 떠 있을 것이다. 동쪽 하늘에서 막 떠오르는 달 B는 신월(삭, 朔), 서쪽 하늘에서 막 저물고 있는 달 C는 보름달(망, 望)이다. 초승달은 신월로부터 사흘째 되는 날

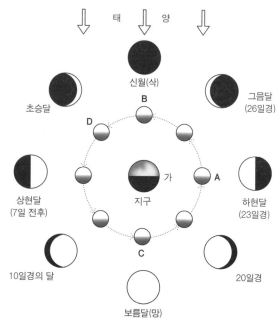

〈그림 7〉 달의 모양 변화 이해

보이는 달이기 때문에 위치로는 달 D이다. D에 있다는 것은 반시계 방향으로 회전하는 지구에 있는 사람이 보면 태양보다 조금 늦게 진다는 것이다.

　달은 지구를 반시계 방향으로 돌고 있기 때문에 달돋이 시간은 점점 늦어진다. 하루에 대략 50분 정도 늦어진다고 기억해두면 좋다. 북반구에 사는 우리가 볼 때 달은 동쪽에서 떠올라 남쪽 하늘을 지나 서쪽으로 진다. 지금 하늘에 떠 있는 달이 내일 같은 시각에는 지금의 달이 50분 전쯤 떠 있던 위치에 오게 되는 것이다.

주먹을 쥔 상태에서 엄지손가락 씨름을 하는 것처럼 엄지를 세운 후 팔을 하늘로 곧게 뻗어보자. 그때 새끼손가락에서 엄지손가락 끝까지의 거리가 대략 15° 정도이다. 어른과 아이는 주먹 크기가 다르지만 그에 비례해 팔 길이도 다르기 때문에 어른이든 아이든 팔을 곧게 뻗으면 주먹으로 만든 각도는 거의 같다.

달은 1시간에 15°씩 이동한다. 반대로 지구는 1시간에 360°를 24시간으로 나눈 15°씩 자전한다. 달은 1시간 후 엄지손가락을 세워서 만든 주먹의 거리만큼 움직인다. 내일 같은 시각에 달은 1시간분의 주먹으로 만든 각도와 거의 비슷한 거리, 50분가량 지연된 지점에 떠 있을 것이다. 달은 대개 밤에 나온다고 생각하는 사람도 있을지 모르지만, 낮에는 태양이 밝아 잘 보이지 않을 뿐 달은 매일매일 50분씩 늦게 하늘을 돌고 있다.

조석 현상

달의 운행을 이야기할 때 빼놓을 수 없는 것이 바로 조석 현상이다. 달을 향한 쪽의 바닷물은 인력에 의해 달을 향해 솟아오른다. 이것이 밀물이다. 이때 달을 향한 쪽뿐 아니라 반대쪽 바닷물도 솟아오른다. 이것은 달이 지구를 끌어당기며 돌고 있기 때문이다.

어른이 어린아이의 손을 잡고 빙글빙글 돌고 있는 모습을 상상해보자. 어른은 아이가 회전하는 원심력에 대항하기 위해 몸을 젖혀 균형을 잡는다. 이때 어른의 머리에도 아이의 반대 방향으로 당겨지는 원심력이 작용한다. 달의 반대쪽 바닷물이 솟아오르는 것도 마찬가지 이유이다.

다만 바닷물이 이동하는 데 시간이 걸리기 때문에 실제 만조의 위치는 달의 바로 아래나 반대쪽보다는 지구가 자전하는 방향으로 조금 어긋난다.

보통 달과 가까운 쪽 그리고 달의 반대쪽을 만조로 생각하면 된다. 만조는 지구가 한 바퀴 도는 하루 동안 두 번 일어난다. 또 앞에서 이야기했듯이 달은 매일 약 50분씩 늦게 뜨기 때문에 만조, 간조의 시간도 매일 약 50분씩 늦어진다. 이틀 연속 해수욕이나 낚시를 할 계획이라면 기억해두는 것이 편리하다.

한편 달에는 못 미치지만 태양도 지구를 태양과 태양의 반대쪽으로 끌어당기는 조석 현상을 일으킨다. 그렇기 때문에 태양과 달과 지구가 일직선상에 놓일 때 즉, 신월과 보름달 때에는 달이 지구를 끌어당기는 힘과 태양이 지구를 끌어당기는 힘이 합쳐져 평소보다 만조와 간조의 차가 커진다. 이를 대조(大潮, 한사리)라고 한다.

바다 생물 중에는 대조 때 알을 낳는 종이 다수 있는 듯하다. 바닷속에 알을 낳는 생물은 바닷물의 움직임이 크기 때문에 알을 먼 곳까지 옮길 수 있고, 바닷가에 알을 낳는 생물은 평소 바닷물이 닿지 않는 육지 안쪽에 알을 낳을 수 있기 때문인 듯하다. 바다낚시는 대조 전후가 고기가 잘 잡힌다고 하는데 이것도 바닷물의 움직임과 관련이 있을 것이다.

보름달이 인간의 행동이나 정신에 영향을 미친다는 이야기를 종종 듣는데 과학적으로 확인된 바는 없다. 조석력이 인간에게 영향을 미친다면 신월도 보름달과 같은 효과가 있어야 할 텐데 신월이 뜬 밤에 행동이나 정신에 변화가 일어난다는 이야기는 듣지 못했다.

전등이 없어 밤이면 달빛에 의지해야 했던 시대라면 보름달이 뜬 밤에 평소보다 활동적으로 변할 수도 있다. 하지만 지난밤 달의 모양이 어땠는지도 모른 채 밤에도 눈부신 전등 불빛 아래에서 살아가는 대다수 현대인들의 생활에는 아무런 영향도 미치지 않을 것이다. 대조에 유난히 들떠 있는 사람이 있다면 분명 바다낚시를 좋아하는 사람일 것이다.

달의 운행과 예술 감상

달의 운행을 이해했다면 예술 세계에 그려진 달의 운행을 감상해보자. 먼저 에도시대의 하이쿠 시인 요사 부손(与謝蕪村)의 유명한 하이쿠이다.

유채꽃이여 달은 동녘에 해는 서녘에

이것은 달과 지구와 태양이 일직선상에 놓인 상태를 표현한 실로 장대한 시구이다. 여기서 달은 당연히 보름달이다. 영화 〈2001 스페이스 오디세이〉의 오프닝 장면에도 달과 지구와 태양이 일직선이 된 모습을 달의 뒷면에서 바라본 영상이 나온다. 이 구도는 후의 SF영화에도 큰 영향을 미쳤다. 이 장면이야말로 우주에서 본 '유채꽃이여 달은 동녘에 해는 서녘에'의 상황이다. 물론 나는 〈2001 스페이스 오디세이〉의 스탠리 큐브릭 감독이 만들어낸 아름다운 영상을 무척 좋아하지만, 이 상황을 오직 17자로 표현한 예술이 있다고 말하면 그는 어떤 감상을 느꼈을까. 지금은 이루어질 수 없는 바람이 되었지만 한 번쯤 물어보고 싶었다.

또 한 가지 예를 들어보자. 내 청춘 시절의 아이돌 마쓰다 세이코 (松田聖子)의 대히트곡 〈비밀의 화원〉에는 'Moonlight magic 내게 고백하려면 초승달이 뜬 밤에'라는 가사가 있다. 달의 운행을 이해하면 무척 흥미로운 대목이다. 신월은 거의 태양 방향에 있으며 달의 운행은 매일 50분씩 늦어진다. 그 말은 초승달(신월로부터 사흘째 보이는 달)은 태양에서 멀어져 2시간도 안 돼 저물고 만다.

단순한 가사의 실수로 여기지 말고 다양한 가설을 세워보자. 이전 가사를 보면 이 노래 속 여성은 한밤중에 불려 나왔다. 한밤중에 초승달이 보이는 시간은 거의 없다. 결국 고백해봤자 소용없다는 뜻일까. 하지만 노래 후반부에 남녀 사이에는 핑크빛 기운이 감돈다. 어쩌면 이 여성은 일찍 잠자리에 드는 타입일까? '저녁에 고백하면 될 걸, 한밤중에 불러내다니 졸음을 참을 수 없잖아' 이런 말인가! 따위의 즐거운 망상에 빠져든다.

달의 모양과 방향

여기서 다시 한 번 달의 모양에 대해 생각해보자. 달의 모양이 변하는 이유를 설명하기에 앞서 그 방향에 대해 짚고 넘어갈 필요가 있다. 간혹 일본이 무대인 텔레비전 드라마에서 남반구에서 볼 수 있는 반대 방향으로 기울어진 달이 등장하는 경우가 있기 때문이다.

〈그림 5〉는 북반구에 사는 사람이 남쪽 하늘에서 본 보름달의 모양이다. 남반구에서는 달이 북쪽 하늘을 지나며 달의 모양도 반대로 보인다. 지구본 위에 인형을 올려놓았다고 상상하면 쉽게 이해할 수 있다. 일본이 있는 위치에 인형을 올려놓는다. 달은 지구의 적도 상공에 있다고 생각한다. 달과 지구는 그대로 두고 오스트레일리아가 있는 위치에 또 다른 인형을 올려놓는다. 두 인형이 놓인 위치에서 본 달의 모양이 반대라는 것을 알 수 있다.

그런데 왜 드라마에 등장하는 달의 모양은 반대일까. 그것은 천체망원경으로 본 달의 모양이 거꾸로 나타나기 때문일 것이다. 이런 현상을 보정한 망원경도 있지만 보통 단순한 구조의 망원경은 상이 반대로 보인다. 수업 시간에 현미경을 사용해본 경험이 있는 사람이라면 관찰 시료를 아래로 움직이면 현미경으로 보이는 상은 반대로 위로 움직이던 것을 기억할 것이다. 이것과 마찬가지 구조이다.

드라마에서 거꾸로 된 달이 등장하는 원인 중 하나는 천체망원경으로 촬영한 역전된 사진을 그대로 사용했기 때문일 것이다. 또 다른 원인 중 하나로 생각할 수 있는 것은 과거 책에 실린 월면도가 역전된 사진인 경우가 많았기 때문이다. 월면도는 천체망원경과 함께 사용하는 것을 상정한 경우가 많기 때문에 천체망원경으로 관측한 모습 그대로 비교할 수 있도록 책에도 대개 거꾸로 뒤집힌 사진을 실었다.

'과거'라고 말한 것은 요즘 책에서는 거꾸로 된 달 사진을 거의 찾아볼 수 없게 되었기 때문이다. 대부분 육안으로 본 방향의 달 사진이 실리게 되었는데, 이는 디지털 카메라의 보급이 영향을 미쳤으리라 생각한다. 천체망원경에 디지털 카메라를 상하 반대로 장착하기만 하면 육안으로 보았을 때와 같은 사진을 촬영할 수 있다. 필름 카메라 시절과 달리 현상하지 않고 바로 확대 촬영한 사진과 육안으로 본 달을 비교할 수 있기 때문에 육안으로 본 달의 방향 그대로 촬영하는 사람이 늘어난 것이라고 생각한다. 또 최근의 고배율 디지털 카메라를 사용하면 망원경이 없이도 달을 크게 촬영할 수 있다. 망원경으로 달을 관찰하는 사람이 줄어든 탓…이라고 하면 괜히 섭섭한 마음이 들기 때문에 그렇게 생각하고 싶지는 않다.

이야기가 조금 복잡해지지만 뜨는 달과 지는 달의 방향도 다르다. 이번에도 지구본 위에 올려놓은 인형을 상상하면 되는데 북반구에서 본 달과 남반구에서 본 달의 차이를 이해하는 것보다는 훨씬 난이도가 높기 때문에 조금 더 집중해야 한다. 정답은 〈그림 8〉과 같다. 각각 북반구의 동쪽 수평선에서 막 떠올랐을 때, 남중했을 때, 서쪽 수평선으로 지고 있을 때 달의 모양을 나타냈다. 토끼가 방아를 찧고 있는 것처럼 보이는 것은 동쪽에서 떠오르고 있

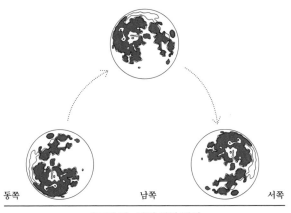

동쪽   남쪽   서쪽

〈그림 8〉 달의 방향 변화

는 달이라는 것을 알 수 있다.

　상현달, 하현달이라는 명칭도 처음에는 전혀 외우지 못했지만 달의 운행을 이해하자 굳이 외우지 않아도 알 수 있게 되었다. 딱 한 가지 기억해야 할 것은 반달을 활 모양에 빗대어 그 달이 '질 때' 활시위(현, 弦) 부분이 위쪽에 있으면 '상현(上弦)' 아래쪽에 있으면 '하현(下弦)'이 된다는 것이다.

　보름달의 모양이 달이 뜰 때와 질 때 반대가 되는 것처럼 반달의 활시위 부분도 달이 뜰 때와 질 때 반대가 된다. 그렇기 때문에 달이 '질 때'라는 것만은 기억해두어야 한다. 나머지는 조금만 생각하면 알 수 있기 때문이다. 상현달은 달이 질 때 아래쪽 절반이 밝은 달이다. 상현달을 비추는 방향에 있는 태양은 달보다 먼저 진다. 〈그림 7〉에서 상현달을 확인할 수 있다. 즉, 상현달은 태양이 저물 무렵에 남중하고 한밤중에 진다. 한편 태양이 하현달을 비추는 방향에 있다는 것은 아직 태양이 떠 있을 때 진다는 말이다. 〈그림 7〉에서 하현달의 위치를 확인해보자. 하현달은 한밤중에 떠올라 일출 무렵에 남중한다.

달의 모양과 암석·광물의 관계

달의 앞면과 뒷면의 사진(그림 5)을 보면 밝은 부분과 어두운 부분이 있다는 것을 알 수 있다. 밝은 부분은 달의 고지라고 불리는 지역이며, 어두운 부분은 달의 바다라고 불리는 지역이다. 각 지역이 어떤 암석으로 이루어졌는지를 알면 달이 더욱 각별하게 보일 것이다.

먼저, 밝은 부분인 달의 고지는 사장암이라는 암석으로 되어 있다. 이 암석은 대부분 사장석이라는 광물로 이루어졌다. 사장석은 주변에서 쉽게 관찰할 수 있다. 〈그림 9〉의 화강암이라는 암석을 본 기억이 있을 것이다. 이 화강암의 가장 흰 광물이 사장석이다.

화강암은 건축자재로 많이 쓰이는데 백화점의 벽면이나 바닥 등에서 볼 수 있다. 화장품이나 여성복 매장의 바닥 혹은 고급스럽게 꾸며진 화장실에서도 종종 볼 수 있다. 묘석으로도 많이 쓰인다. 일본에서는 미카게이시(御影石)라고도 불리는데 고베시의 미카게(御影)라는 지방에서 나는 양질의 화강암을 부르던 이름이 일반화된 것으로 여겨진다.

〈그림 9〉 현무암(왼쪽)과 화강암(오른쪽)

　조경용으로도 쓰이기 때문에 홈센터에서 벽돌 모양으로 가공한 화강암을 저렴하게 구입할 수 있다. 앞으로 화강암을 보게 되면 그 안의 하얀 광물 즉, 사장석을 자세히 관찰해보기 바란다.

　사장석의 화학 조성은 장소에 따라 다양성이 있으며 $NaAlSi_3O_8$ 과 $CaAl_2Si_2O_8$이 혼합된 조성이다. 혼합 비율은 지역에 따라 다르다. 화학식을 외울 필요는 없지만 나중에 다시 등장하기 때문에 사장석에 Al(알루미늄), Si(규소), O(산소)가 들어 있다는 것은 기억해 두자.

　이 흰색 광물이 뭉쳐진 사장암이 달의 지각을 형성하고 있다. 아폴로 계획으로 달의 암석을 가지고 돌아온 덕분에 알 수 있었던 사실이다. 어떻게 이렇게 거의 한 종류 광물로 이루어진 암석으로 지각이 형성된 것일까. 아폴로 시대의 과학자는 '마그마의 바다'라는 가설을 떠올렸다.

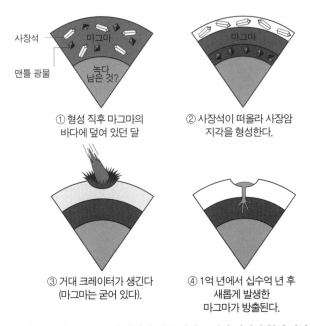

사장석

맨틀 광물

마그마

녹다
남은 것?

① 형성 직후 마그마의
바다에 덮여 있던 달

마그마

② 사장석이 떠올라 사장암
지각을 형성한다.

③ 거대 크레이터가 생긴다
(마그마는 굳어 있다).

④ 1억 년에서 십수억 년 후
새롭게 발생한
마그마가 방출된다.

〈그림 10〉 마그마의 바다 가설에 따른 달의 고지와 바다의 형성 과정

　달은 본래 400km가 넘는 깊이의 마그마 바다에 덮여 있었다는
것이다. 먼저 마그마에서 형성된 철과 마그네슘을 포함한 무거운
광물이 마그마의 바다 깊이 가라앉는다. 마그마가 서서히 식어가
는 동안 알루미늄과 규소로 이루어진 사장석이 형성된다. 마그마
보다 가벼운 사장석은 위로 떠올라 사장암 지각을 형성했다는 생
각이다.

　다음은 어두운 부분인 달의 바다에 대해 살펴보자. 이 부분은 현
무암(그림 9)이라는 암석으로 되어 있다. 2018년 미국 하와이섬의
킬라우에아 화산 폭발 당시 뉴스에는 종종 시뻘건 용암이 분출되

는 장면이 나왔다. 그 붉고 걸쭉하게 흐르는 용암이 굳으면 현무암이라는 검은 암석이 된다.

현무암에는 사장석과 휘석이라는 광물이 대략 절반가량의 비율로 들어 있다. 사장석은 앞서 설명한 사장암의 주요 광물이지만 현무암을 구성하는 주요 광물이기도 하다. 다만 화강암 결정이 지하에서 천천히 성장해 커지는 것에 비해 현무암은 지표로 나온 마그마가 빠르게 굳기 때문에 흰빛을 띠는 사장석의 결정은 너무 작아 육안으로는 보이지 않고 전체적으로 검은 빛깔의 암석으로 보인다. 현무암의 또 다른 주요 광물인 휘석은 철과 마그네슘으로 이루어진 광물로, 화학식으로 표현하면 $(Fe, Mg, Ca)SiO_3$이 된다. 괄호 안의 Fe(철), Mg(마그네슘), Ca(칼슘)의 비율은 일정치 않지만 합치면 1에 가까운 비율로 들어 있다. 또한 Ca의 양은 0.5보다 작다. 휘석도 화학식을 외울 필요는 없지만 철과 마그네슘과 산소가 포함되어 있다는 것은 뒤에서 설명할 이야기와도 관련이 있기 때문에 일단 짚고 넘어가기로 한다.

여기서 잠시 마그마와 용암의 차이를 간단히 설명해보자. 암석은 고온이 되면 녹아서 액체가 되는데 이 녹은 암석이 지하에 있으면 마그마라고 한다. 영어로도 magma(마그마)이다. 한편 지표로 나왔을 때는 용암이라고 부른다. 용암은 조금 까다로운데, 지표를 흐르는 녹은 암석도 용암이라고 부르고 식어서 굳어진 암석도 용암이라고 부른다. 영어로는 lava(라바)이다. 마그마의 바다는 지표에 있기 때문에 용암이라고 부를 것 같지만 무슨 이유에선지 천체를 뒤덮은 대규모 암석은 마그마라고 부른다.

달의 바다를 자세히 보면 여러 개의 원형이 합쳐져 만들어진 것을 알 수 있다. 사실 달의 바다는 과거 거대 운석의 충돌로 생긴 지름 수백 km의 둥근 구덩이를 용암이 가득 채운 것이다. 〈그림 10〉은 달의 고지와 바다의 생성 과정을 나타낸 것이다. 이렇게 설명하면 운석공이 생긴 충격으로 지하에서 용암이 흘러나왔을 것이라고 생각할 수 있지만 아폴로 계획 당시 지구에 가져온 암석에 포함된 방사성물질의 양으로 연대를 추정한 결과, 용암이 분출된 시기는 운석공이 생긴 지 약 1억 년에서 십수억 년이 지난 후였다는 것이 밝혀졌다.

왜 이렇게 오랜 시간이 흐른 뒤 용암이 분출되었는가 하면 그 시기에 지하에서 마그마가 발생했기 때문이다. 사장암 지각이 생긴 후 마그마는 일단 지하 깊은 곳까지 식어서 굳었을 것이다. 굳어진 암석에 들어 있는 우라늄, 토륨과 같은 방사성원소가 붕괴하면서 방사선 에너지를 방출하고 그 에너지가 주변의 암석을 데운다. 그렇게 오랜 시간에 걸쳐 데워지고 녹은 지하의 암석이 지표로 분출된 것이다.

앞으로 보름달을 올려다볼 때에는 흰빛의 사장암으로 이루어진 밝은 부분은 '고지'라고 불리며 갓 탄생한 달은 새하얀 빛깔이었다는 것, 어두운 부분은 '바다'라고 불리며 과거에는 거대한 운석공을 가득 채운 시뻘건 용암이 식어서 생긴 검은빛의 현무암으로 이루어졌다는 것을 떠올려보자.

일식과 월식

일식과 월식은 지구와 태양과 달의 위치 관계가 만들어낸 현상이다.

먼저 일식이란 달이 태양 앞에 놓이면서 태양의 일부 혹은 전부를 가리는 현상이다. 그렇기 때문에 지구 전역에서 볼 수 있는 것은 아니다. 달의 그림자가 드리우는 지역에서만 볼 수 있다. 지구에서 보았을 때 달과 태양의 크기는 거의 같지만, 시기에 따라 태양이 조금 더 크게 보이거나 달이 조금 더 크게 보이기도 한다.

지구를 도는 달의 궤도와 태양을 도는 지구의 궤도가 완전한 원이 아닌 타원이어서 지구에서 달까지의 거리가 가까워지거나 멀어지기 때문이다. 지구와 달의 거리가 가까워졌을 때 보이는 크고 밝은 보름달을 슈퍼 문이라고 부른다.

달과 태양이 완전히 겹쳐지는 일식이 나타날 때 태양이 조금 더 커서 가장자리가 고리 모양으로 보이는 현상을 금환일식이라고 하며, 반대로 달이 조금 더 커서 태양을 완전히 가리는 현상을 개기일식이라고 한다. 달과 태양이 거의 같은 크기로 보이는 것은 지극히 드문 일이다. 달은 연간 약 3cm씩 지구로부터 멀어지기 때문에 수억 년 후에는 달이 태양을 완전히 가리는 것은 불가능해질 것이다.

일식에 관련된 무척 흥미로운 사진을 소개하고 싶다. 〈그림 11〉은 화성 탐사차 큐리오시티가 찍은 화성의 위성 포보스가 연출한 일식 사진이다. 가장 긴 쪽의 지름이 27km밖에 되지 않는 포보스는 중력이 약해 구형을 이루지 못하기 때문에 감자 같은

〈그림 11〉화성의 일식
화성의 위성 포보스가 태양 앞을 지나가는 장면을 촬영한 연속 사진.
2013년 NASA의 무인 탐사차 큐리오시티가 촬영했다. (NASA/JPL-
Caltech/Malin Space Science Systems/Texas A&M Univ.)

모양을 하고 있다. 지구의 일식이 얼마나 독특한지 새삼 실감할
수 있을 것이다.

금환일식과 개기일식을 볼 수 있는 것은 달그림자의 중심 지역에
있는 사람뿐이다. 중심을 벗어난 주변부에서는 부분일식이 나타나
거나 그보다 더 멀어지면 일식이 나타나지 않는 지역이 동시에 존
재한다. 또 달이 태양 앞에 놓이기 때문에 신월에만 일어나는 현상
이다.

한편 월식은 지구의 그림자가 달의 일부 혹은 전부를 가리는 현
상이다. 월식 때 달은 태양 빛을 받지 못하기 때문에 전 세계에 어
디에서나 이지러진 달을 볼 수 있다. 달이 부분적으로 가려진 상태

를 부분월식이라고 하며, 달이 지구의 그림자에 완전히 가려진 상태를 개기월식이라고 부른다.

개기월식 때에도 달은 보인다. 지구 대기에 의해 굴절된 빛이 지구의 그림자 속에 들어간 달 표면에 도달하기 때문이다. 지구의 대기를 통과한 태양 광선은 푸른빛이 산란되고 붉은빛만 남게 된다. 석양이 붉은 것도 같은 이유이다. 대기층을 비스듬히 통과하는 석양빛은 한낮의 태양광보다 대기를 통과하는 거리가 길기 때문에 붉게 보인다. 개기월식 때 검붉은 빛깔로 보이는 달을 블러드 문이라고 부른다.

여담이지만 달 탐사를 할 때는 월식 일정에 주의해야 한다. 월식이 일어나는 동안에는 탐사선의 태양전지 패널에 태양광이 비치지 않아 발전을 할 수 없기 때문이다. 달 착륙선의 경우 착륙선 주변 지면이 급격히 얼어붙는다는 뜻이다. 예기치 않은 월식을 만나면 관측장비 운용이 불가능해질 뿐 아니라 과잉 냉각으로 탐사선 자체가 고장 날 가능성도 있다.

제1장
달의 과학

    이제 겉모양만이 아닌 천체로서의 달에 주목해보자. 아폴로 탐사 이후 과학적인 연구를 통해 달이라는 천체의 실체가 드러났다. 대기가 없는 달은 소행성 탐사선 '하야부사'가 착륙한 이토카와나 '하야부사 2'가 탐사한 류구와도 관련이 있는 독특한 표면을 가지고 있다.

    이번 장에서는 달의 표면이 어떻게 형성되고 어떤 변화가 일어났는지, 애초에 달은 어떻게 탄생했으며, 달 표면에는 어떤 풍경이 펼쳐져 있는지 등 학교에서는 배우지 않았던 달의 진실을 소개한다.

달의 탄생

달은 어떻게 탄생했을까. 달의 기원에 관해서는 주로 지구와 달이 어떤 관계인지를 바탕으로 형제설, 친자설, 타인설, 거대 충돌설이라고 불리는 네 가지 설이 있다(그림 12).

형제설은 달이 지구 옆에서 동시에 탄생했다는 설이다. 지름 10km가량의 작은 천체들이 뭉쳐서 만들어졌다고 여겨지는 지구와 같이 달도 지구 옆에서 같은 재료들이 소규모로 뭉쳐서 만들어졌다는 것이다. 이 경우 재료가 같기 때문에 지구와 달의 밀도는 거의 비슷해져야 하지만 지구의 밀도는 1㎤당 5.51g, 달의 밀도는 1㎤당 3.34g으로 달이 훨씬 작다. 그렇기 때문에 이 가설은 신빙성이 높지 않다.

친자설은 과거 지구의 자전이 불안정한 시기가 있었는데 그때 지구의 표면이 떨어져나와 달이 되었다는 설이다. 말하자면 지구가 부모, 달은 자식이라는 것이다. 애초에 지구의 표면이 떨어져나올 만큼의 자전 불안정이 가능한지는 커다란 쟁점이다. 하지만 형제설에서 설명하지 못한 밀도의 문제는 해소할 수 있다. 무거운 철이 지구 중심부에 가라앉아 핵을 형성한 이후 지구의 맨틀과 지각 부분이 떨어져나갔다고 생각하면 달의 밀도나 화학 조성을 설명할 수 있다. 지금은 불가능한 것으로 여겨지지만, 자전 불안정의 구조를 설명할 수 있는 가설이 등장하면 또다시 유력한 설로 떠오를지도 모른다.

타인설은 어딘가에서 날아온 달이 지구의 중력에 붙잡혔다고 보

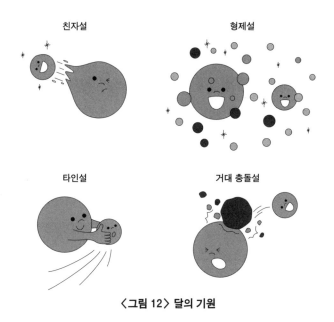

친자설　　　　　　　형제설

타인설　　　　　　　거대 충돌설

〈그림 12〉 달의 기원

는 설이다. 태어난 장소가 다르기 때문에 타인이라는 것이다. 장소가 다르다고는 해도 어차피 태양계 내부에서 탄생했을 테니 실제로는 태양계의 형제이지만 앞서 설명한 형제설과 구별하기 위해 타인설이라고 부른다. 달과 지구의 밀도가 다른 것은 태어난 장소가 다르기 때문이라고 설명할 수 있다. 다만 달과 지구는 산소 동위체의 구성이 비슷하다. 산소 동위체란 같은 산소 원자라도 중성자의 수가 달라 질량이 조금 다른 산소 원자를 말한다. 질량이 다른 산소 동위체의 비율은 태양계 안에서도 장소에 따라 다르기 때문에 달과 지구가 멀리 떨어진 장소에서 태어난 것으로는 보이지 않는다. 한편 타인설은 포획설이라고도 불리는데 지구의 중력으로 달을 포획하는 것은 꽤나 어려운 일이다. 중력이 작으면 달은 궤도를 살짝 비틀기만 해도 지구를 지나칠 테고, 중력이 크면 일단 붙잡힌 후 지구로 낙하할 것이다. 제대로 포획하려면 기술이 필요하다. 예컨대 초기 지구 주변에 있던 짙은 원시 대기가 달이 낙하하지 않게 제동을 걸어 포획을 돕는다. 포획 후 대부분의 대기가 우주로 흩어지자 제동 효과가 사라지면서 달은 계속해서 지구 주위를 돌게 되었다는 등의 아이디어가 있다. 포획의 어려움과 산소 동위체 구성을 설명하기 힘들다는 이유로 이 가설도 크게 신뢰받지 못하고 있다.

마지막은 거대 충돌설이다. 과학 관련 방송 등에서는 대부분 이 가설을 소개하고 있기 때문에 알고 있는 사람도 많겠지만 내가 학교에 다니던 30년 전에는 거의 들어보지 못한 설이었다. 거대 충돌설은 초기 지구에 화성만 한 크기의 천체가 충돌하면서 떨어져나온 파편이 뭉쳐서 달이 되었다는 설이다. 처음에는 그런 물리적 과정 자체가 어려울 것으로 여겨졌다. 그런데 1990년대 후반 행성과학자인 이다 시게루(井田茂)와 고쿠보 에이이치로(小久保英一郎)가 적절한 각도로 충돌시키면 파편이 뭉쳐져 달이 탄생할 수 있다는 컴퓨터 시뮬레이션 결과를 발표한 이후 빠르게 인기를 모았다.

거대 충돌설은 '마그마의 바다' 가설을 설명할 수 있다는 장점이 있다. 마그마의 바다 가설은 앞서 이야기한 사장암 지각을 설명하기 위해 꼭 필요한 설이지만, 달 정도 크기의 천체에서는 미행성들이 뭉쳐질 때의 운동 에너지나 방사성물질의 붕괴열로도 좀처럼

400km 깊이의 마그마 바다를 만들 정도의 열을 발생시키기는 어려웠던 것이다. 그런데 거대 충돌설이라면 충돌 결과 발생한 열로 천체 표면을 충분히 녹일 수 있다.

다만 거대 충돌설에도 해소되지 못한 의문이 있다. 지구와 충돌했을 것으로 생각되는 거대한 천체 테이아는 그리스 신화에 등장하는 달의 여신 셀레네의 어머니의 이름을 땄다. 지구와 충돌해 떨어져나간 파편 대부분이 지구의 물질이 아니라 이 테이아의 파편일 것이라는 점이다. 사실 지구 맨틀에서 얕은 부분만 떼어내서 뭉치면 달 전체의 밀도나 화학 조성 그리고 달의 산소 동위체 구성이 지구와 비슷한 것도 설명이 되지만 멀리서 온 테이아의 물질이 뭉쳐서 만들어진 달의 원재료가 지구의 일부처럼 보이는 것은 단순한 우연일까. 달이 될 파편이 마그마의 바다에 덮인 지구 주위를 도는 동안 화학 조성이 균질화된다는 가설도 있지만 여전히 모든 의문을 속 시원히 설명해줄 가설은 나오지 않았다. 충돌 횟수를 한 번이 아닌 여러 번으로 나누거나 테이아 자체를 지구 근처에서 만들어 충돌시키는 등의 다양한 수정도 시도되었다.

달과 지구의 형성 초기에 대규모 충돌 현상이 어떤 식으로든 영향을 미칠 가능성은 충분하다. 화성 북반구의 표고가 낮은 것은 북반구의 표층이 거대 충돌로 떨어져나간 것으로 여겨지며 수성의 핵이 이상할 정도로 큰 것은 거대 충돌로 수성의 표층부가 전부 날아간 탓이라는 설도 있다. 거대 충돌은 태양계 행성이 탄생하는 초기에 흔히 일어난 현상이 아니었을까.

달의 표면

달의 고지와 바다 모두 처음 생겼을 때는 암석 덩어리였을 것이다. 하지만 지금은 고운 모래로 덮여 있다. 〈그림 13〉은 아폴로 11호의 우주 비행사가 달 표면에 남긴 발자국 사진이다. 하얀 모래가 드넓게 깔린 백사장에서도 이렇게 발자국이 선명하게 찍히진 않을 것이다. 달의 모래 알갱이는 평균 지름이 0.1mm 이하로 백사장의 모래보다 훨씬 곱다. 밀가루 알갱이와 크기가 비슷하다고 보면 된다.

대기가 없는 달에서는 1mm보다 작은 운석이라도 속도가 줄지 않고 초속 10km 이상의 속도로 낙하한다. 달 표면의 암석은 크고 작은 운석에 의해 산산이 부서져 결국에는 고운 모래로 변한다. 이런 달 표면의 모래를 레골리스(Regolith)라고 부른다.

레골리스는 달 표면에서 활동할 때 정전기 때문에 우주복이나 관측기기에 달라붙는 다소 성가신 물질이다. 〈그림 14〉는 레골리스가 묻어 더러워진 우주복을 입은 우주 비행사의 모습이다. 레골리스는 보통 먼지가 아니라 암석 알갱이이기 때문에 각종 기기의 톱니바퀴에 끼어 회전을 저해할 가능성이 있고, 카메라 렌즈 등에 달라붙으면 그것을 닦아내다 렌즈에 흠집이 날 수 있다. 눈에 들어가면 굉장히 아프다. 사실 인류는 달에 가기 전부터 달이 레골리스로 덮여 있다는 것을 예측했다. 그것은 우리가 보는 달의 모습 때문이었다.

힌트는 '달'이라는 노래에 담겨 있다. 가사는 다음과 같다.

〈그림 13〉 인류 최초의 달 착륙 당시 우주 비행사가
달 표면에 남긴 발자국 (NASA)

〈그림 14〉 레골리스로 더러워진 아폴로 17호의 해리슨 슈미트
우주 비행사의 우주복 (NASA/Eugene A. Cernan)

떴다, 떴다 달이 떴다 쟁반같이 둥근 달

이 노래는 과거 일본의 문부과학성이 초등학생들의 음악 교육용
으로 만든 노래이다. 나도 유치원 때부터 배워서 불렀던 노래이다.

요즘 학교에서는 가르치지 않아 젊은 세대들은 잘 모르는 듯하다.

어쨌든 나는 유치원 때부터 이 노래가 정말 싫었다. 아폴로 계획으로 인류가 처음 달에 착륙한 것은 내가 두 살 때이던 1969년의 일이었다. 당시에는 어린이 도서에까지 아폴로 계획에 관한 내용이 자세히 쓰여 있었기 때문에 유치원생인 나도 달이 구형이라는 사실을 알고 있었다. 그리고 이렇게 생각했다.

'쟁반같이 둥근 달이라니. 학예회 때 유치원 선생님이 만든 납작한 종이 달 같잖아. 정말 시시하네.'

나이를 먹으면서 이런 생각을 갖고 있었다는 사실조차 까맣게 잊었지만 달 궤도 위성 가구야의 지형·지질 카메라 개발팀에 참가하게 되었을 때 불현듯 다시 떠올리게 되었다.

나는 원래 절단한 운석을 전자 현미경으로 관찰하거나 작은 광물의 화학 조성을 측정하는 일을 하고 있었다. 가구야와 같이 달 상공에서 카메라로 촬영한 영상을 분석하는 기법의 연구는 해본 적이 없었기 때문에 달 행성 탐사에 관한 다양한 논문을 찾아 읽는 한편, 대학교 옥상에 설치한 천체망원경으로 촬영한 달 사진을 컴퓨터로 분석하며 공부했다.

그러던 어느 날 한 논문에서 이런 글을 발견했다. '달은 표면의 특성에 의해 평평한 원반(flat disk)처럼 보인다.' 이 글을 읽고 불현듯 어릴 때 배운 '달'이라는 노래가 떠오른 것이다. 작사자는 알려지지 않았지만 당연히 천체의 빛을 관측한 논문을 읽고 가사를 쓴 것은 아닐 것이다. 단순히 달을 올려다보며 '쟁반같이 생겼네'라고 생각하지 않았을까. 반면 나는 달이 구형이라는 선입관 때문에 달을 있는 그대로 보지 못한 것이 아닐까…. 이름 없는 작사자의 관측안(眼)에 대한 탄복, 자신의 얕은 생각에 대한 부끄러움, 사소한 관찰 속에 과학의 본질이 숨겨져 있다는 깨달음과 놀라움 따위의 온갖 감정이 한꺼번에 솟구쳐 올라 한동안 말을 잃었다.

달이 쟁반처럼 보이는 이유는 다음과 같다. 먼저 종이로 만든 달처럼 납작한 평면을 떠올려보자. 표면이 매끄럽다면 빛을 비추면 대개 거울에 반사된 것처럼 정해진 각도로 빛이 반사되어 뻗어 나간다. 빛이 반사되는 방향에서 보면 평면은 환하게 빛나지만 그 외의 각도에서 보면 어둡게 보인다. 반대로 표면이 모래밭처럼 거칠다면 빛은 사방팔방으로 흩어지기 때문에 평면은 어느 각도에서나 비슷한 밝기로 보인다. 이런 평면을 확산 반사면이라고 한다.

레골리스라는 암석 알갱이로 덮여 있는 달 표면은 확산 반사면의 성질을 갖고 있다. 빛을 비춘 물체가 구형이라면 어떻게 될까. 쟁반처럼 보이는 것은 '둥근' 달 즉, 보름달이다. 보름달은 '유채꽃이여…'의 하이쿠에서 노래했듯 태양과 지구와 달이 거의 일직선상에 놓인 상태로, 달이 태양빛을 받는 방향과 우리가 달을 보는 시선의 방향이 거의 일치한다. 이때 달 표면이 매끈한 평면이면 중심부에서는 빛이 곧장 뻗어나와 밝게 보이고, 주변부에서는 빛이 지구가 아닌 우주로 흩어진다. 그러면 보름달은 중심이 밝고 주변은 어두운 구형으로 보일 것이다. 하지만 현실의 달은 레골리스로 덮여 있기 때문에 태양 광선이 어떤 각도로 비치든 비슷한 밝기로 보인다.

실제 보름달의 중심부와 주변부는 거의 같은 밝기로 빛나기 때문에 평평한 쟁반처럼 보이는 것이다.

유독 밝은 보름달

레골리스라는 물질에 덮여 있기 때문에 일어나는 또 한 가지 중요한 현상이 바로 충(衝) 효과이다. 충 효과란, 광원-대상물-관측자가 이루는 각도가 0°에 가까울 때 대상물이 훨씬 밝게 보이는 현상을 말한다.

보름달이 뜬 밤은 다른 날보다 더 밝게 느껴진다. 물론 밝게 빛나는 면적이 가장 크기 때문에 보름달이 뜬 밤이 가장 밝은 것은 당연하지만 간혹 이상하리만치 밝게 느껴질 때가 있을 것이다.

그런 느낌은 틀리지 않았다. 보름달은 반달과 비교하면 2배 더 큰 면적이 빛나고 있다. 그럼 보름달은 반달보다 2배 더 밝을까? 그렇지 않다. 실제 보름달이 비추는 빛은 반달의 8배가 넘는다고 알려져 있다.

원리는 간단하다. 〈그림 15〉는 공사 현장 등에서 볼 수 있는 원뿔 모양의 물체를 빽빽이 늘어놓은 컴퓨터 그래픽이다. 그림 위쪽은 오른쪽에서 빛을 비춘 모습이고, 아래쪽은 관측자 쪽에서 빛을 비춘 모습이다. 위쪽 그림에는 그림자가 많이 보이지만 아래쪽 그림에서는 그림자가 관측자 뒤쪽에 있기 때문에 보이지 않는다. 관측자가 느끼는 밝기는 빛을 비추는 부분과 그림자 부분의 평균이

〈그림 15〉 충 효과
위쪽은 반달, 아래쪽은 보름달일 때의 모습

되기 때문에 그림자가 보이지 않는 아래쪽 그림이 더 밝아진다.

이것이 충 효과의 원리이다. 실제 달 표면은 레골리스와 크고 작은 암석들로 덮여 있다. 아무리 작은 알갱이라도 하나하나 그림자가 있다. 지구에서는 그 그림자를 볼 수 없지만 보름달 이외의 달이 뜰 때 무수히 많은 그림자들이 달을 어둡게 만든다. 달 궤도상에서 관측할 때 그 지역의 밝기 즉, 그 지역에 있는 물질의 반사율을 단서로 달 표면의 광물을 추정하기도 한다. 그때는 태양빛이 어느 쪽에서 비치는지, 관측 위성이 어느 쪽에서 관측하는지 등의 정보를 이용해 겉보기 밝기를 물질 고유의 반사율로 변환하는 작업을 하고 있다.

우주 풍화

달의 확대 사진을 보면 일부 크레이터에서 하얀 줄기 같은 것이 방사형으로 뻗어 있는 것을 알 수 있다. 이런 줄기를 광조 또는 레이(ray)라고 부른다. 〈그림 16〉은 유독 두드러져 보이는 티코 크레이터의 레이이다. 이 레이의 위치를 머릿속에 넣어두면 시력이 좋은 사람은 육안으로도 인식할 수 있을 것이다.

레이가 생기는 원인으로 가장 먼저 떠오르는 현상이 우주 풍화이다. 레이는 크레이터에서 사방팔방으로 뻗어나가는 것처럼 보인다. 그렇다면 달의 지하에 있는 물질은 달 표면의 물질보다 희고, 그 흰빛의 지하 암석이 운석 충돌로 드러나 주위로 흩뿌려지면서 하얀 줄기를 만든 것이라고 상상할 수 있다.

하지만 표면의 얇은 부분만 다른 암석으로 되어 있을 것이라고는 생각하기 어렵다. 어쩌면 원래의 암석 표면이 검붉은 빛으로 변한 것은 아닐까.

달·행성 분광 관측 연구의 선구자 브루스 하프케(Bruce Hapke) 씨는 달의 광물 표면에 불투명한 입자가 섞이면 검붉은 빛을 띠게 된다는 것을 이론적으로 설명했다. 그리고 아폴로가 채집한 암석 표면에 수 nm~수십 nm의 철 알갱이가 들어 있다는 것이 확인되었다. nm(나노미터)란 ㎛(마이크로미터, 미크론)의 1,000분의 1, mm의 100만 분의 1 크기이기 때문에 전자 현미경이 아니면 보이지 않는다.

이 nm 크기의 철 알갱이는 우주 풍화로 생겼을 것으로 보인다. 지구에서 풍화는 암석이 비나 바람 등에 의해 파괴되거나 분해되

티코 크레이터

〈그림 16〉 티코 크레이터에서 뻗어 있는 광조(레이)
촬영 : 스즈키 구니히코(鈴木邦彦) 교사

는 것을 말한다. 비도 오지 않고 바람도 불지 않는 달에서는 우주에서 쏟아지는 방사선과 1mm도 안 되는 미세 운석의 고속 충돌에 의해 암석 표면이 변화하는 것을 우주 풍화라고 부른다. 우주에서 일어나는 풍화는 모두 우주 풍화라고 부를 수 있을 것 같지만 현재는 대기가 없는 천체에서 일어나는 방사선, 미세 운석 충돌에 의한 표면 변화에 한해서만 우주 풍화라고 부르고 있다.

우주 풍화가 최초로 확인된 것은 달의 암석이었으며, 두 번째는 소행성 탐사선 하야부사가 가지고 돌아온 이토카와의 광물 입자의 표면이었다. 사실 하야부사가 이토카와를 탐사하기 전까지 소행성에는 커다란 의문점이 있었다. 천체망원경으로는 지구에 떨어지는 운석의 8할 가까이를 차지하는 '보통 콘드라이트(ordinary chondrite)'라는 종류의 운석과 같은 빛깔의 소행성을 찾지 못했다는 것이다. 그런데 이토카와에서 가져온 시료로 이토카와의 본체가 보통 콘드라이트로 이루어졌으며, 표면은 우주 풍화에 의해 천체망원경으로 볼 수 있는 검붉은 빛깔로 변색되었다는 사실이 확인되었다. 운석의 표면은 대기와 충돌할 때 발생한 마찰열에 의해 녹아버리기 때문에 우주에서 직접 가져온 시료가 아니면 우주 풍화를 확인할 수 없다. 실제 시료를 통해 우주 풍화를 확인할 수 있었던 것은 아직까지 달과 소행성 이토카와뿐이다.

다시 달로 돌아가자. 달의 표면도 우주 풍화로 점점 검붉게 변색되고 있다. 그런 달 표면에 운석이 충돌하면서 지하의 신선한 암석 파편이 주변으로 날아간다. 암석의 파편 자체 혹은 날아간 파편이 떨어져 다시 지하의 암석이 드러나면서 밝은 빛깔의 줄기 즉, 레이가 생기는 것이다.

한편 커다란 크레이터에도 레이가 확인되지 않는 경우가 있다. 레이 자체도 우주 풍화로 변색되어 주변과 분간할 수 없게 되었기 때문이다. 레이가 사라지는 데 걸리는 시간은 약 10억 년으로 추정된다. 10억 년 전이면 지구에서는 화석으로 남은 생명체가 다수 출현하는 캄브리아기(약 6억 년 전)보다도 훨씬 이전 시대이지만, 달에서는 극히 최근이라고 볼 수 있다.

특히 레이가 잘 보이는 크레이터는 생긴 지 얼마 되지 않았다는 뜻이다. 코페르니쿠스 크레이터는 약 8억 년 전, 티코 크레이터는 약 1억 년 전에 생겼을 것으로 추정된다.

앞으로 달을 올려다볼 때는 레이가 보이는지 확인해보자. 그리고 달과 이토카와에서 시료를 가지고 돌아온 아폴로 계획, 루나 계획, 하야부사의 위업에 대해서도 한 번쯤 생각해보는 기회가 되었으면 한다.

고지와 바다의 풍경

달의 고지의 풍경을 살펴보자. 달의 고지는 처음 지각이 형성된 이후 46억 년 동안 계속된 운석의 충돌로 파헤쳐졌기 때문에 지면이 울퉁불퉁하고 거칠다. 고지의 높낮이는 거대한 산악 지대와 비슷한 규모이다.

크레이터의 깊이는 2,000~3,000m이기 때문에 크레이터 둘레의 산은 일본 알프스(일본 중부에 있는 해발 2,000m급 이상의 히다·기소·아카이시 산맥의 총칭)급의 산들이 늘어서 있는 것과 비슷하다.

한편 달의 바다는 고지가 형성된 이후 거대 충돌 크레이터를 용암이 메워 생겨난 지형이다. 고지보다 나중에 생긴 젊은 땅이기 때문에 고지에 비해 거대 운석과 충돌한 경험도 훨씬 적다. 또 액체 상태의 용암으로 메워졌을 당시의 매끄러운 지형이 아직 남아 있다. 지구에서도 그런 지형적 특성을 어느 정도 느낄 수 있었기 때문에 오래전부터 달의 바다라고 불린 것이다.

지금까지의 달 착륙 탐사는 대부분 바다 지역이었다. 착륙이 용이한 평지이기 때문이다. 2019년 1월 중국의 창어 4호가 세계 최초로 달의 뒷면에 착륙했다. 착륙 지점은 달의 고지로 분류되는 지역이지만 실제로는 폰 카르만 크레이터라는 용암이 크레이터 내부를 광범위하게 메운 장소에 착륙했다. 바다라고 부를 정도로 넓은 지역은 아니지만 바다와 비슷한 장소적 특징을 가진 곳이다.

하지만 바다라는 편향된 지질 지역에만 착륙하면 달의 지질 연구는 진전되지 않는다. 향후 착륙 기술의 향상과 더불어 적극적으로 고지 착륙을 시도하는 시대가 올 것이다.

제2장
달의 환경

　이번 장에서는 달이라는 변경으로 여행에 나서기 전 준비 과정으로, 달에서 생활할 때 알아두어야 할 달의 환경에 대해 해설한다.

　지구보다 중력이 약해 생기는 좋은 점과 곤란한 점, 대기가 없어 생기는 음지와 양지의 극단적인 온도 차, 우주 방사선과 운석 충돌의 공포. 달 세계에 도전하기 위해 혹은 활용하기 위해 필요한 힌트가 담겨 있다.

저중력의 세계

달의 중력은 지구 중력의 6분의 1이다. 이것을 조금 더 구체적으로 이해해보자.

먼저 제자리뛰기를 하면 얼마나 뛸 수 있을까. 우주복을 입으면 그만큼의 무게가 더해지기 때문에 여기서는 달 기지 안에서 우주복을 입지 않은 상태라고 상상해보자. 달에서도 뛰는 힘은 같기 때문에 지구에서의 6배 높이까지 뛸 수 있게 된다. 멀리뛰기는 어떨까. 뛰어오른 순간의 속도와 방향이 지구와 같다면 떠 있는 동안의 최고점의 높이는 역시 지구의 6배가 된다. 공중에 떠 있는 시간이 지구의 6배가 되기 때문에 거리도 6배 증가한다.

착지할 때의 충격은 착지 순간의 속도로 결정된다. 공중에 떠 있는 높이의 위치에너지가 운동에너지로 바뀌며 착지하기 때문에 중력이 6분의 1이라는 것은 6배 높이에서 착지하는 것과 같은 속도가 된다. 보통 1.5m 정도가 다치지 않고 착지할 수 있는 최대 높이라고 보면 달에서는 9m 정도가 된다. 3층 집의 지붕 위에서 뛰어내려도 괜찮다는 말이다.

무거운 물체를 밧줄로 끌어당기는 경우는 어떨까. 당기는 힘은 지구와 같더라도 바닥을 딛고 버티는 힘은 바닥과 신발의 마찰력에 달려 있다. 마찰력은 중력에 비례하기 때문에 버티는 힘은 6분의 1로 줄어든다. 아무리 힘을 줘도 발이 미끄러질 것이다. 하지만 물건도 6분의 1의 힘으로 미끄러지기 때문에 끌어당길 수 있는 물건의 질량은 변함없다.

바퀴 달린 물체를 끌어당길 때는 지구에 있는 편이 버티는 힘이 큰 만큼 더 많이 옮길 수 있다. 정지해 있는 물체를 움직이려고 할 때 무거우면 좀처럼 움직이지 않는 관성은 중력이 아닌 물체 고유의 질량과 관계가 있다. 그렇기 때문에 달에서 경자동차 정도는 밀어서 움직일 수 있으리란 생각은 틀렸다. 슈퍼맨이 될 수 있는 것은 중력을 거스르는 일을 할 때뿐이다.

잠시 쉬어가는 의미에서 달에서 즐기는 스포츠를 상상해보자. 야구의 타구는 지구의 6배 높이와 거리로 날아가 홈런이 속출한다. 멀리뛰기, 높이뛰기도 6배나 높은 기록을 낼 것이다. 한편 씨름은 발이 미끄러져 어쩐지 박진감이 부족하고, 레슬링도 굳히기 기술이 좀처럼 들어가지 않는다. 모터스포츠는 타이어의 접지력이 떨어져 툭하면 코스를 벗어난다. 달 전용 규칙이나 새로운 스포츠를 개발해야 할 듯하다.

장래 지구의 부유층들은 노후를 중력이 약한 달이나 화성에서 보내게 될지 모른다. 참고로 화성의 중력은 지구의 약 3분의 1 정도이다. 중력이 약하면 무릎 관절과 허리에 가해지는 부담이 줄어든다. 넘어졌을 때 받는 충격도 작기 때문에 뼈의 강도가 약해지더라도 골절 위험이 줄어든다. 일단 몸이 저중력 상태에 적응하고 나면 지구로 되돌아가기는 힘들지 않을까.

극심한 한란의 차이

　달에는 대기가 없기 때문에 한란(寒暖)의 차가 극심하다. 예를 들어 낮 시간대 양지의 온도는 영상 120℃인 데 비해 음지는 영하 80℃이다. 지구에서는 대기가 열을 전달해 기온이 평균화되지만 달에는 열을 전달해줄 대기가 없기 때문에 이런 극단적인 한란의 차이가 생긴다. 양지는 달걀 프라이도 할 수 있을 만큼 뜨겁지만, 음지는 모든 것이 얼어붙고 지구에서 사용하는 기기나 장치는 대부분 작동 불능 상태가 될 정도의 극저온 세계이다.

　아폴로 우주 비행사가 달 표면에서 활동할 수 있었던 것은 우주복 덕분이었다. 우주복 안에는 물을 순환시키는 파이프가 있다. 양지에서 데워진 물을 음지에서 식혀 순환시킴으로써 한란의 차이를 평균화하는 것이다. 또 헬멧의 유리도 대부분의 태양빛을 반사한다. 대기에 약화되지 않고 쏟아지는 강렬한 태양광 때문에 눈이나 얼굴에 화상을 입을 수 있기 때문이다.

　밤의 추위도 극심하다. 지면의 온도는 영하 170℃ 전후이다. 달의 밤은 2주나 계속되기 때문에 달에 착륙한 탐사선은 밤 동안의 저온 환경에 망가지지 않고 버틸 수 있는 특별한 보온 대책이 필요하다. 태양빛이 비치지 않기 때문에 태양전지를 이용해 데우는 것도 불가능하다. 달의 밤을 무사히 넘기는 방법은 '월야(月夜) 기술'이라고 부른다. 중요한 장치를 레골리스에 묻어두거나 단열재로 감싸서 얼지 않게 하는 기술 또는 전지의 전력을 이용해 데우는 방법 등이 포함된다. 원자력전지라고 하는 방사성물질을 사용한 전지가 가장 효과적인 월야 기술로 알려져 있지만 일본에서는 사용할 수 없다. 여기에 대해서는 뒤에서 다시 설명하기로 하자.

운석의 공포

대기가 없는 달에서는 한란의 차 이외에도 극복해야 할 문제가 있다. 달 표면으로 날아오는 운석과 방사선이다.

운석은 달과 지구 모두 비슷하게 날아온다. 오히려 인력이 센 지구에 더 많이 떨어질 것이다. 하지만 운석 때문에 다치거나 목숨을 잃을 위험성은 달이 훨씬 크다.

지구의 경우 지름 수십 cm 이하의 운석은 대기와 충돌해 대부분 타버린다. 소행성 탐사선 하야부사가 지구로 귀환할 때 눈부신 섬광과 함께 산산이 부서져 불타는 영상을 기억하는 사람도 많을 것이다. 대기와 만났을 때 뜨거워지는 이유는 대기권에 돌입하는 물체가 굉장히 빠른 속도로 낙하하면서 앞쪽의 공기를 압축하기 때문이다. 자전거 타이어에 바람을 넣을 때 공기 주입 펌프가 뜨거워지는 것도 같은 원리이다.

조금 더 재미있게 이 현상을 체험할 수 있는 실험을 소개한다. 필요한 것은 고무줄 1개뿐이다. 먼저 고무줄을 팽팽하게 늘여 입술에 대보자. 고무줄이 조금 따뜻해졌을 것이다. 이제 고무줄을 늘인 상태 그대로 잠시 유지하며 고무줄의 온도가 기온과 비슷해지기를 기다린다. 그런 다음 이번에는 늘였던 고무줄을 풀어 입술에 대보

자. 고무줄이 차가워진 것을 느낄 수 있을 것이다.

고무줄을 늘이면 단면적이 줄어들기 때문에 고무줄의 분자가 압축된다. 공기를 압축한 것과 마찬가지이다. 이때 고무의 온도는 높아진다. 이런 상황을 '외부와의 열 교환 없이 물질을 압축한다'는 뜻으로 단열압축이라고 한다. 고무줄의 온도 변화는 극히 미미하지만 사람의 입술은 감도가 높기 때문에 이런 온도 변화를 느낄 수 있다.

고무줄을 느슨하게 풀면 단면적이 늘어나기 때문에 단열팽창이라는 현상이 일어나고 고무줄의 온도가 내려간다. 1985년 도쿄를 출발해 오사카로 가는 제트여객기 후미의 압력 간벽이라는 객실의 기압을 유지하는 벽이 파손되고 꼬리 날개가 파괴되면서 기체가 추락해 520명의 희생자를 낸 안타까운 사고가 있었다. 압력 간벽이 파손되면서 객실 기압이 낮아지자 객실에 안개가 발생했다고 하는 탑승객의 증언이 있었다. 당시 뉴스에서는 단열팽창으로 기온이 내려갔다고 설명했는데, 이는 대기권 돌입으로 공기가 가열되는 것을 반증하는 현상이다. 압력 간벽이 파손되는 일은 우주여행 시대에도 일어날 수 있는 끔찍한 사고다. 그때도 역시 안개가 발생할 것이다.

계속해서 지구 이야기이지만, 장래의 부상 방지를 위해서도 운석 낙하 시 주의해야 할 한 가지를 덧붙이고 싶다. 지구의 경우 작은 운석은 대기권에 들어올 때 산산이 부서져 불타버리고 커다란 운석은 떨어질 확률이 낮기 때문에 운석 자체에 맞아 다칠 확률은 아주 낮다. 하지만 대기권에 돌입할 때의 충격파로 다칠 위험성에는 주의해야 한다. 2013년 2월 15일 러시아 첼랴빈스크에서는 운석이 대기권에 돌입하면서 발생한 충격파로 건물의 유리창이 깨지고 1,500여 명이 다쳤다고 한다. 유성도 운석의 대기권 돌입으로 나타나는 현상으로 대개 1초도 안 돼 사라진다. 하지만 지름이 17m에 달하는 것으로 추정되는 첼랴빈스크 운석은 완전히 타지 않은 상태로 지상에 떨어졌다.

불꽃놀이나 번개가 치는 소리가 뒤늦게 들려오는 것처럼 유성의 모습은 빛의 속도 즉, 초속 30만 km로 우리 눈에 보이지만 충격파는 음파이기 때문에 초속 300m 정도로 전달된다. 지표면에 떨어지는 거대한 유성을 보았다면 소리가 들리기 전에 창문에서 멀리 떨어져야 한다는 것을 잊지 말자. 이것은 근처에서 공장 등이 폭발하는 장면을 목격했을 때도 마찬가지이기 때문에 꼭 기억해두자.

다시 달 표면으로 돌아가자. 달에는 대기가 없기 때문에 1mm도 되지 않는 작은 운석이라도 초속 10~20km 혹은 그 이상의 속도로 낙하한다. 라이플총의 탄환이 초속 1km 속도로 날아간다고 하는데, 탄환보다 작은 알갱이라도 그 파괴력은 탄환을 뛰어넘기도 한다. 운석은 크기가 작을수록 떨어지는 빈도도 높아지기 때문에 작은 운석을 막아줄 대기가 없는 달 표면은 지극히 위험하다.

첼랴빈스크 운석처럼 커다란 운석이 떨어질 때는 직접 맞을 위험성이 낮고, 대기가 없는 달 표면에서는 충격파를 걱정할 필요가 없지만 낙하지점에서 날아오는 파편에는 주의해야 한다. 지구에서는 공기저항으로 날아가는 파편의 속도가 줄지만 달에서는 공기저항이 없기 때문에 파편이 튀어나올 때와 같은 속도로 지면에 떨어진다. 더 무서운 것은 대기가 없으면 유성처럼 빛나지 않기 때문에 떨어지는 것조차 깨닫지 못한다는 점이다. 장래에 달 표면에서 장기 활동을 할 때에는 운석 탐지용 레이더를 준비해야 할 것이다.

방사선의 공포

이번에는 방사선에 대해 이야기해보자. 우주에는 다양한 방사선이 있다. 발생원으로 구분하면 주로 은하 방사선과 태양풍의 두 가지 종류이다. 은하 방사선은 우리 은하 내부의 초신성 잔해로부터 쏟아지는 고에너지 입자이다. 한편 태양풍은 태양에서 방출되는 전자파나 입자이다.

지구에서는 일단 지구의 자기장이 전기를 띤 입자선 대부분을 막아준다. 또 자기장을 통과해 들어온 방사선은 대기가 그 위력을 약화시킨다.

지상과 우주의 방사선 강도를 인체에 미치는 영향의 정도로 비교하는 Sv(시버트)라는 단위로 비교해보았다. 숫자가 클수록 피폭량이 많다는 의미이다. 일본 방사선의학종합연구소의 자료 '방사선 피폭 조견도'에 따르면, 지구에서는 대기의 영향으로 고도에 따라 방사선의 영향이 다르고 지표 부근에서는 1인당 연간 방사선 피폭량이 2.1mSv(밀리시버트)로 나타났다. 〈그림 17〉은 방사선의학종합

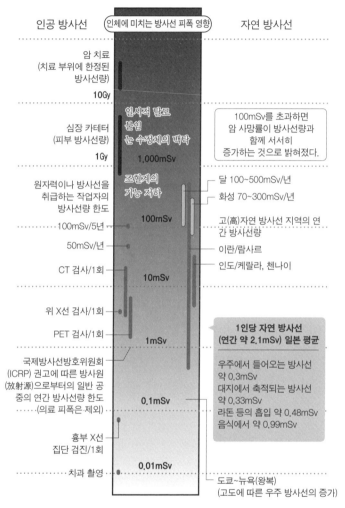

인공 방사선　인체에 미치는 방사선 피폭 영향　자연 방사선

암 치료
(치료 부위에 한정된
방사선량)
10Gy

임시적 탈모
불임
눈 수정체의 백탁

심장 카테터
(피부 방사선량)
1Gy
1,000mSv

100mSv를 초과하면
암 사망률이 방사선량과
함께 서서히
증가하는 것으로 밝혀졌다.

조혈계의
기능 저하

원자력이나 방사선을
취급하는 작업자의
방사선량 한도
100mSv/5년
100mSv

달 100~500mSv/년
화성 70~300mSv/년

50mSv/년
고(高)자연 방사선 지역의 연
간 방사선량

CT 검사/1회
10mSv

이란/람사르
인도/케랄라, 첸나이

위 X선 검사/1회

PET 검사/1회
1mSv

1인당 자연 방사선
(연간 약 2.1mSv) 일본 평균

국제방사선방호위원회
(ICRP) 권고에 따른 방사원
(放射源)으로부터의 일반 공
중의 연간 방사선량 한도
(의료 피폭은 제외)
0.1mSv

우주에서 들어오는 방사선
약 0.3mSv
대지에서 축적되는 방사선
약 0.33mSv
라돈 등의 흡입 약 0.48mSv
음식에서 약 0.99mSv

흉부 X선
집단 검진/1회

치과 촬영
0.01mSv

도쿄~뉴욕(왕복)
(고도에 따른 우주 방사선의 증가)

〈그림 17〉 지구와 우주의 방사선 레벨
방사선의학종합연구소의 '방사선 피폭 조견도'(2018년 5월 14일 개정판)에
달과 화성의 방사선 레벨을 추가했다.

연구소 자료에 우주의 정보를 추가해 나타낸 것이다.

고도 약 400km 높이에서 비행하는 국제 우주정거장에서는 1인당 방사선 피폭량이 대략 0.5~1mSv나 된다. 국제 우주정거장의 우주 비행사 방사선 피폭 관리 규정에 따르면, 예컨대 처음 우주 비행을 한 연령이 30세 미만인 우주 비행사의 생애 방사선량 제한 수치를 남성은 600mSv, 여성은 500mSv로 제한하고 있다. 이것은 '암 사망률 기여분', 다시 말해 방사선 피폭에 따른 암 사망률의 증가분이 3%를 넘지 않도록 설정했다는 말이다.

후쿠시마 원자력발전소 사고로 설정된 귀가 곤란 지역의 기준은 연간 누적 방사선량이 50mSv 이상, 5년이 경과한 후에도 연간 누적 방사선량이 20mSv를 밑돌지 않는 지역이다. 현대의 우주 비행사는 로켓 발사 시 사고율 이외에도 방사선이 인체에 미치는 영향에 관해서도 나름의 각오가 필요한 직업이다.

고유의 자기장은 물론 대기도 없는 달의 방사선 레벨은 연간 100~500mSv로 추정된다. 달 기지에서는 레골리스 등을 이용해 수 m의 벽을 만들면 방사선량을 지구의 지상 레벨 정도로 줄일 수 있을 것으로 여겨지지만 기지를 나와 달 표면에서 활동할 때는 너무 오래 머물지 않도록 주의해야 한다.

또 태양 플레어라는 현상도 있다. 태양의 표면에서 작은 폭발이 일어나 평상시의 100~1만 배에 달하는 강한 방사선이 방출되는 현상이다. 방출되는 방향이 중요한데 그 방향에만 있지 않으면 문제없지만 만약 태양 플레어가 지구 방향으로 방출된다면 다양한 문제가 발생한다.

1859년 '캐링턴 이벤트(Carrington Event)'라고 불리는 태양 플레어 현상이 일어났을 때 태양풍이 저위도 지역에까지 오로라를 발생시켜 하와이에서도 오로라가 관측되었다고 한다. 1989년에는 태양 플레어에 의한 자기 폭풍으로 캐나다 퀘벡주의 송전망이 파괴되면서 9시간 동안 전기가 끊기고 미국 기상위성과의 통신이 중단되는 등의 장애가 발생했다.

만약 국제 우주정거장이 태양 플레어에 노출되면 방사선량은 치명적인 수준이 될 것이다. 그렇기 때문에 태양 플레어의 징후가 관측되면 우주 비행사들은 한동안 방사선 차폐력이 뛰어난 구역으로 피신하게 되어 있다. 달 표면에서도 마찬가지 대응이 필요할 것이다.

여행 도중의 방사선

달로 가는 여행 도중에는 더욱 강력한 방사선대가 있다. 발견자인 제임스 밴 앨런(James Van Allen)의 이름을 따 밴앨런대(帶)라고 불리는 영역이다(그림 18). 이 방사선대는 지구와 가까운 내대(inner belt)와 지구에서 먼 외대(outer belt)로 나뉘며 내대는 적도 상공에서 1,000~2만5,000km, 외대는 1만5,000~2만5,000km 고도에 분포한다. 이 방사선은 지구 자기장에 포착된 하전(荷電) 입자이다. 자기장을 가진 행성은 지상으로 날아오는 방사선을 막

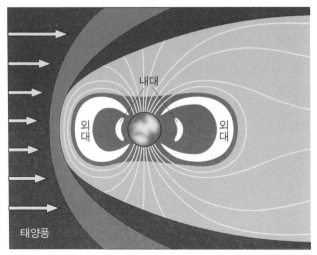

<내대>

<외대>

<외대>

태양풍

〈그림 18〉 밴앨런대

아내는 동시에 우주에 방사선대를 형성한다.

이 영역은 1958년 미국 최초의 인공위성 익스플로러 1호에 의해 발견되었다. 유인 우주선의 경우 이 영역을 빠르게 통과할 필요가 있다. 나흘 걸려 달에 도착한 아폴로 우주선이 밴앨런대를 통과한 시간은 수 시간 정도였다.

반면에 무인 탐사선은 연료를 아끼기 위해 지구 궤도를 조금씩 확대하며 도는 방식으로 달까지 가기도 한다. 달에 도달하기까지 수개월이 걸리는 이 방법은 밴앨런대를 수차례 통과하며 통과하는 시간도 길다. 그렇기 때문에 유인 탐사선보다 훨씬 많은 양의 방사선에 노출된다. 물론 무인 탐사선도 최대한 방사선을 맞지 않는 편이 좋지만, 인간보다는 방사선에 월등히 강하기 때문에 느리지만 적은 연료로 달 여행을 할 수 있다.

연료 절약을 위해 비행시간은 길어지지만 비용이 적게 드는 소형 탐사선일수록 방사선을 견디는 성능은 더욱 높여야 한다. 또 소형 탐사선에 탑재되는 과학 관측기기가 대형 탐사선의 기기보다 단순하게 설계될 것이라고 생각할 수 있지만 실제로는 정반대이다. 방사선에 견디는 성능은 훨씬 높게 만들어야 한다. 오히려 방사선 방어벽을 충분히 설치하기 힘든 제약 때문에 설계가 더 어렵다.

달 탐사 계획을 세우고 발사 로켓과 달까지의 궤도가 정해지면 발사에서 탐사 종료까지 맞게 될 방사선량을 추정한다. 탐사선은 물론 탐사선에 탑재하는 관측기기도 이 추정치의 방사선을 맞아도 문제가 없을 정도로 만들어야 한다. 우주 탐사에 사용된 적이 있는 부품이나 우주용으로 내방사선 성능을 실험한 자료가 있는 부품은 매우 고가이기는 하지만 안심하고 쓸 수 있다. 하지만 새롭게 탑재되는 부품은 단시간에 같은 정도의 방사선을 쪼이는 실험을 실시해 부품의 성능이 나빠지지 않는지 확인해야 한다.

내가 개발하고 있는 소형 달 착륙선 SLIM에 탑재될 멀티밴드 카메라라는 장치에도 일부 내(耐)방사선 성능이 확인되지 않은 부품이 있어 실험을 진행했다. 다행히 내가 소속된 오사카대학교에 감마선 테스트가 가능한 코발트 60 조사(照射) 시설(오사카대학교 산업과학연구소)과 고에너지 입자선을 조사할 수 있는 사이클로트론 시설(오사카대학교 핵물리연구센터)이 있었기 때문에 준비부터 시료 회수까지의 공정을 학내에서 실험할 수 있었다. 또 같은 대학 내였기 때문에 학생들의 참가도 비교적 간단히 이루어질 수 있었으며 교육 효과도 컸다.

여담이지만 큰 조직에 소속되어 있으면 유리한 점이 있다. 위와 같은 시설이 갖추어져 있는 점도 그렇지만 시설에서 실험을 하려면 방사선 업무 종사자로서 등록되어 있어야 하는데 대학생이나 대학 교직원은 학교에서 준비한 강연회를 수강하면 간단히 방사선 업무에 종사할 수 있게 된다. 최근 대학을 중퇴하고 우주 벤처 산업에 뛰어드는 학생들이 늘고 있다. 그들의 놀라운 행동력과 우주를 향한 물결이 일고 있는 것은 환영하지만 이과계 대학생의 경우에는 대학이라는 조직의 이용 가치를 잘 따져본 후 행동했으면 한다. 조직에 등을 돌리는 것이 아니라 '대학이나 회사를 적극 이용하겠다'는 마음가짐을 갖기를 바란다.

또 방사선 실험은 대학 시설을 이용하기도 하지만 방사선의학종합연구소나 양자과학기술 연구개발기구의 다카사키양자응용연구소 등의 전문 기관을 이용하는 경우도 많다.

제3장
사막의 오아시스를 찾아

    이번 장에서는 인류의 우주 개발의 미래를 좌우할 중요한 자원인 수자원에 대해 생각해보자. 실제 달에 자원으로 활용 가능한 양의 물이 있을지는 2020년대의 탐사 결과를 기다려야 하겠지만, 물이 있을 것으로 생각되는 이유와 그 물이 어디에서 왔는지 등 지금까지의 연구 성과를 소개한다. 또 물이 있을 경우 향후 우주 개발에 얼마나 큰 영향을 미칠 것인지에 대해 해설한다. 더 나아가 자원으로서 이용 가능한 정도의 물이 없을 경우의 대안도 함께 살펴보자.

물 탐사의 흐름

2017년 12월 6일 일본 항공우주국(JAXA)과 인도 우주연구기구(IS-RO)가 공동으로 달의 극역(極域) 탐사를 추진하기 위한 협약을 체결했다는 뉴스가 전해졌다. 이 계획은 달의 극역에서 물의 얼음 즉, 고체 상태의 H_2O를 찾기 위한 수자원 탐사이다.

아폴로 계획으로 달 표면에는 물이 존재하지 않는다는 결론이 내려졌다. 그렇다면 여기서 말하는 수자원이란 무엇일까. 달 어디에 물이 있다는 말일까. 먼저 달에 물이 있다고 생각하게 된 경위에 대해 설명하자.

물이 존재할 가능성이 처음 제기된 것은 1994년 발사된 미국의 달 탐사선 클레멘타인(Clementine)의 관측 자료였다. 클레멘타인에서 달의 남극 지역에 쏜 전파를 지구의 안테나로 수신하자 얼음으로 여겨지는 반사파가 확인되었다. 이 자료는 지금도 크게 신뢰받지 못하지만 당시에도 얼음의 존재를 믿는 연구자는 거의 없었다.

얼음의 존재가 기대를 모으기 시작한 것은 1998년 발사된 미국의 달 탐사선 루나 프로스펙터(Lunar Prospector)의 자료였다. 이 탐사선에 탑재된 중성자 분광계라는 장치가 수소 원자를 검출하는 데 성공했다. 이 장치로 달의 북극과 남극에 수소가 집중적으로 분포하는 장소가 있다는 것이 밝혀졌다. 물은 수소 원자와 산소 원자로 이루어졌기 때문에 루나 프로스펙터가 발견한 수소가 물의 분포를 나타내는 것이 아닌지 기대가 높아졌다.

하지만 태양풍 즉, 태양에서 방출된 입자 안에도 대량의 수소 원자가 포함되어 있기 때문에 그 입자가 달 표면에 포착된 것인지도 모른다. 이때부터 달에 대량의 얼음이 있다고 생각하는 연구자와 그럴 리 없다고 여기는 연구자가 둘로 나뉘어 현재까지 이어지고 있다.

한편 '물의 얼음' 따위로 복잡하게 표현하는 것은 우주에는 저온의 천체도 다수 존재하기 때문에 물이 얼어 뭉친 얼음뿐 아니라 이산화탄소 얼음이나 메탄 얼음 등 물 이외의 얼음도 충분히 있을 수 있다. 간혹 연구자들은 물이 얼어서 된 얼음을 수빙(水氷)이라고 부른다. 이 책에서는 특별한 언급이 없는 한 얼음이라고 표기한 경우는 수빙을 가리킨다고 생각하면 된다.

루나 프로스펙터 이후에도 물 탐사는 계속되지만 그 이야기는 일단 뒤로 미루고 얼음에 집착하는 이유와 얼음이 있을 것으로 추정되는 장소 그리고 얼음의 기원에 대해 해설한다.

우주 자원의 이용

후지산 정상에서는 1ℓ짜리 물 한 병이 1,000엔(약 1만1,000원) 정도에 판매된다고 한다. 산 정상까지 운반하는 비용이 포함되어 있기 때문이다. 만약 달에서 1ℓ짜리 물 한 병을 산다면 가격은 얼마일까. 정답은 1억 엔(약 11억 원)이다. 지구에서 달로 물자를 보내는 데 1kg당 1억 엔이 드는 것이다.

우주에서 자원을 채굴한다고 하면 '달에 금덩이라도 묻혀 있나

요'라는 질문을 받는다. 달에 금덩이가 묻혀 있는 것은 아니지만 설령 있다 쳐도 지구로 가져올 만한 가치는 없다. 달까지 1kg의 물자를 운반하는 데 1억 엔이 드는 것처럼 지구로 가져오는 비용도 마찬가지라고 보면 된다.

현재 금 1g의 가격은 약 5,000엔(약 5만5,000원)이다. 다시 말해 금 1kg의 가격이 500만 엔(약 5,500만 원)밖에 되지 않는다는 말이다. 달에 금덩이가 있다 해도 500만 엔어치를 지구로 가져오는 데 1억 엔이나 든다면 아무도 가져오지 않을 것이다.

그런데 지구에서 반드시 가져가야 할 물자, 예컨대 물이 달에서 발견된다면 어떨까. 그 물의 가치는 1kg(=1ℓ)당 1억 엔이라고 볼 수 있다. 달의 자원은 지구로 가져와 사용하는 것보다 현지에서 필요한 물자를 조달한다는 의미가 크다.

여기서 잠시 땅속에 묻혀 있는 지하자원 따위의 분량을 가리키는 '매장량'이라는 말의 정의를 확인해보자. 이 말이 쓰이는 업계에 따라 말의 뉘앙스는 다소 차이가 있지만 '자원량'이나 '원시 매장량' 같은 경우는 그 땅에 존재하는 자원 물질의 양 자체를 가리킨다. 한편 '매장량'이나 '가채 매장량'의 경우는 상업적으로 채굴할 수 있는 자원의 양을 말한다.

우주 자원의 활용 방안의 경우 당연히 상업적으로 채굴할 수 있는 양이 중요하다. 달의 경우는 1kg당 1억 엔보다 적은 비용으로 채굴할 수 있으면 상업적으로 채굴할 수 있다는 말이다.

계속해서 암석에서 산소를 추출하는 이야기를 할 텐데, 지구는 대기 중에 산소가 있기 때문에 굳이 암석에서 산소를 추출할 필요가 없다. 하지만 지구에서 산소 1kg을 운반하는 것보다 적은 비용 즉, 1억 엔보다 적은 비용으로 암석에서 1kg의 산소를 추출할 수 있다면 암석은 매우 훌륭한 자원이 될 것이다. 우주 시대에는 지구와는 다른 감각으로 모든 자원을 검토할 필요가 있다.

달에 대량의 물이 존재한다면 어디에 쓰이게 될까. 가장 기대되는 용도는 로켓 연료이다. 물은 산소 원자와 수소 원자로 이루어졌으며 전기분해를 하면 수소 가스와 산소 가스가 발생한다. 이를 저온으로 액화한 것이 일본의 대형 로켓 H-ⅡA의 연료와 산화제이다. 달에 대량의 얼음이 있다면 그 얼음을 채굴해 태양전지 패널로 만든 전기를 이용해 전기분해하면 달에서 로켓 연료와 산화제를 얻을 수 있다.

로켓 중량의 대부분을 차지하는 것은 연료이다. 지구에서 달에 로켓을 발사할 때, 현재는 돌아올 때 필요한 연료를 운반하기 위해 가는 길에 더 많은 연료가 들어간다. 달에서 연료를 조달할 수 있다면 돌아올 때의 연료를 실을 필요도 없고 달에서 곧장 화성이나 소행성으로 갈 수 있는 길도 열린다. 지구의 강한 중력과 대기의 저항을 뚫고 로켓을 쏘아 올리는 것보다 중력이 약하고 대기가 없는 달에서 발사하는 편이 연료도 절약할 수 있다.

일본 항공우주국(이하, JAXA)의 계산에 따르면, 달에 충분한 양의 얼음이 있다면 달에 얼음 채굴 및 연료 제조 시설을 만드는 비용은 달과 지구를 다섯 번 정도 왕복하면 회수할 수 있다고 한다.

물론 물은 식수로도 사용하고 호흡에 필요한 산소를 만드는 데도 이용 가능하다. 또 달에서 농사를 짓는 데도 반드시 필요하다. 기본적으로 인간의 배설물이나 날숨 등을 통해 재사용이 가능한 자원이기 때문에 처음 인구에 알맞은 양만 확보하면 계속해서 대량으로 보충할 필요는 없어진다. 얼음의 양에 따라 이용 가치가 크게 달라지는 것은 역시 로켓 연료로서의 이용이다.

영구 음영 지역

달의 얼음 탐사가 남·북극에 집중되는 것은 그곳이 영구 음영 지역이기 때문이다. 영구 음영 지역이란, 수년에서 수십 년 혹은 수억 년 가까이 태양광이 비치지 않아 영구히 그림자가 드리운 지역을 말한다. 그런 지역이 달의 북극과 남극에 집중적으로 분포한다 (그림 19). 지구의 회전축(지축)은 공전 면에 대해 23.5°나 기울어져 있는데 달은 1.5°밖에 기울지 않았다. 그렇기 때문에 양극에서는 태양이 늘 지평선 위를 스치듯 지나가는 것처럼 보인다. 지구의 남극 지방에서 일어나는 백야를 떠올리면 된다. 태양의 고도가 늘 낮기 때문에 지면이 움푹 팬 크레이터 바닥에는 영구히 빛이 비치지 않는다. 그런 곳이 영구 음영 지역이 된다.

일본의 달 탐사선 가구야의 지형 카메라가 최초로 영구 음영 지역 안을 자세히 조사하는 데 성공했다. 영구 음영 지역 안에는 태양광이 직접 비치지는 않지만 크레이터 가장자리를 비춘 빛의 반

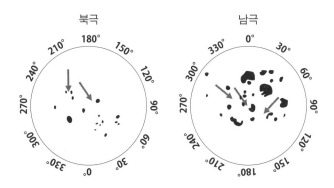

북극　　　　　　　남극

검은 부분은 영구 음영 지역, 화살표는 고일조율 지역

〈그림 19〉 영구 음영 지역과 고일조율 지역의 분포도

노다 히로모토(野田寬大) 박사(일본 국립천문대)의 연구 자료를 바탕으로 영구 음영 지역을 나타낸 간략도. 화살표로 표시된 것은 고일조율 지역의 대략적인 장소이다. 남·북극 지역(위도 85°이상)을 중심으로 나타낸 지도인 것에 주의.

사광이 약간 들어간다. 가구야의 지형 카메라는 남극에 있는 새클턴 크레이터 바닥의 영구 음영을 희미한 반사광에 의지해 촬영하는 데 성공해 크레이터 내부의 지형과 반사율을 측정했다. 이 성과를 바탕으로 완성된 연구 논문의 주 저자는 가구야의 지형 카메라 관측기기팀의 주 연구자였던 하루야마 준이치(春山純一) 씨로, 나는 크레이터의 형상 데이터를 토대로 크레이터 내부의 지표면 온도를 컴퓨터로 시뮬레이션하는 과정을 담당했다.

　시뮬레이션 결과, 크레이터 바닥의 온도는 가장 높을 때가 영하 190℃ 정도로 나타났다. 이런 온도라면 어디선가 물 분자가 공급되어 크레이터 바닥에 얼어붙으면 수억 년이라도 동결된 상태 그대로 보존된다. 그 결과를 바탕으로 한 유명 과학 잡지에 '새클턴 크레이터 바닥에 얼음이 있을지 모른다'는 논문을 제출했다. 하지만 아쉽게도 증거 불충분을 이유로 게시 불가 판정을 받았다. 그래서 이번에는 또 다른 유명 과학 잡지 『사이언스(Science)』에 '새클턴 크레이터의 바닥은 얼음을 장기 보존할 수 있을 만큼 온도가 낮은데도 불구하고 표면 반사율은 얼음의 존재를 나타낼 만큼 높지 않았다'는 취지로 수정해 제출하자 심사를 통과했다.

이 논문은 새클턴 크레이터에 얼음이 없다고 해석하는 쪽의 자료로 주로 인용되고 있지만, 개인적으로는 스케이트링크와 같은 얼음은 없더라도 수 cm 혹은 수십 cm 아래의 레골리스 사이에 아주 작은 얼음 조각이 붙어 있을지 모른다는 상상을 한다. 왜 그런 생각을 하는지는 조금 뒤에 이야기하기로 하자.

물이 존재하는 이유

원래 달 표면에는 물이 없었을 것이다. 수분이 풍부했다면 자연히 수소가 함유된 광물이 형성되었을 것이다. 달에서는 지구에서 흔히 볼 수 있는 각섬석이나 운모 등 수소가 다량 함유된 광물은 발견되지 않았다. 비슷한 광물이라도 수소가 아닌 불소나 염소가 함유되어 있다. 그만큼 물이 부족했던 것이다.

그런데도 달의 극지에 물이 있을 것으로 추정하는 이유는 주로 세 가지가 있다. 첫 번째는 혜성이나 운석 등의 낙하, 두 번째는 지하로부터의 공급, 세 번째는 태양풍이다.

흔히 더러워진 눈사람에 비유되기도 하는 혜성은 암석과 얼음이 섞인 천체이다. 태양에 가까이 다가갈수록 꼬리를 길게 뻗는 것은 태양열에 얼음이 녹으며 서서히 사라지기 때문이다. 운석 중에서도 미분화 운석에는 수분이나 수산기가 들어 있는 광물이 포함되어 있다. 이렇게 수분이 함유된 물질이 날아와 빠른 속도로 달 표면에 충돌하면 그 혜성이나 운석의 일부 혹은 전부가 녹아서 증발한다. 증발한 수분은 우주 공간으로 날아가지만 한동안 달 주변을 떠다닌다. 그런 물 분자가 영구 음영 지역의 초저온 레골리스에 닿으면 그대로 얼어붙어 수억 년 넘게 보존될 것이다.

지하로부터 공급된다는 것은 마그마에 함유된 물이 가스로 분출되었다는 의미이다. 지구의 화산은 마그마 속 수분이 수증기로 변하면서 퇴적물의 부피가 팽창하기 때문에 폭발한다. 탄산음료가 캔에서 분출되는 것과 같은 원리이다. 달에도 약 10억 년 전까지는 화산 활동이 있었다. 하지만 달의 화산을 폭발시킨 가스의 정체는 밝혀지지 않았다. 달에는 물이 없기 때문에 달의 화산을 폭발시킨 가스는 수증기가 아니라 일산화탄소일 것이라는 설도 있다.

그런데 최근 아폴로 계획 당시 지구로 가져온 암석 표본을 분석한 결과 달의 맨틀에 지구의 맨틀과 비슷한 수백 PPM(1PPM은 전체 양의 100만 분의 1)의 물이 함유되어 있다는 것이 밝혀졌다. 이런 결과를 달의 맨틀 전체로 볼 수 있을지, 아니면 물이 풍부한 장소가 제한적으로 존재하는지 등은 아직 밝혀내지 못했다. 하지만 과거 지하의 맨틀이 녹아서 형성된 마그마가 달 표면으로 분출되었을 때 그 마그마에 수분이 함유되어 있었을 가능성이 있다. 그리고 혜성과 마찬가지로 일단 달 상공을 떠돌다 일부가 영구 음영 지역에 얼어붙어 있을지 모른다.

또 현재는 달에 화산 활동이 없다고 생각되지만 지하 깊은 곳에 남아 있는 마그마의 수증기가 조금씩 지표로 새어나와 영구 음영 지역에 얼어붙어 있을 가능성도 있다.

세 번째 가능성은 태양풍이다. 태양풍이란 태양에서 방출되는 입자의 흐름으로 대부분 수소 원자나 헬륨 원자이다. 수소 원자는 초속 300~800km의 속도로 날아와 달의 레골리스 표면에 꽂힌다. 꽂힌다고 해도 불과 0.2㎛ 정도의 깊이이다. 그 수소는 또다시 표면으로 스며나와 밖으로 빠져나가기도 하지만 광물 내부에 그대로 갇히기도 한다. 혹은 레골리스에 꽂힐 때의 충격으로 발생한 열에 의해 광물 안의 산소와 반응해 수산기나 물이 되는 것도 있을 것이다. 온도가 높으면 광물 표면의 수소가 우주 공간으로 빠져나가기 쉽기 때문에 이 경우도 저온의 영구 음영 지역에 다수 보존될 것으로 생각된다.

최근 들어 달 표면에 아주 옅은 수증기가 발생하고 있다는 것을 보여주는 자료가 나오고 있다. 특히 2013년부터 1년여에 걸쳐 달 궤도를 돌며 탐사 활동을 펼친 미국의 달 탐사선 라디(LADEE)의 데이터를 분석한 메디 벤나 연구팀의 논문(2019년 발표)에 따르면, 유성군이 달에 충돌했을 때 달 지하에서 수증기가 증발하는 것을 관측했다는 것이다. 추정에 따르면 물 500㎖를 얻는 데 1톤 이상의 레골리스가 필요하기 때문에 채굴은 어렵지만 이런 식으로 달 이곳 저곳에서 증발한 수증기의 일부가 영구 음영 지역에 축적되어 있으리란 기대감은 더욱 높아졌다. 이 물은 태양풍 기원으로 보기에는 양이 많은 데다 언제, 어떻게 레골리스에 함유된 것인지도 아직 밝혀지지 않았다.

물의 존재 형태

얼음이 어떤 형태로 존재할지는 물의 기원에 따라 다를 것으로 추정된다. 혜성이나 운석이 기원인 경우와 마그마가 기원인 경우, 얼음은 외부에서 떠돌던 물 분자가 레골리스 표면에 달라붙어 마치 냉동고에 생긴 성에처럼 얼어붙어 있는 모습을 상상할 수 있다. 다만 이것은 가장 최초의 형태일 뿐 그 후 수억 년이나 같은 장소에 있을 것이라고는 단정할 수 없다. 달 표면에는 얼음이 노출되어 있지 않을 가능성이 크다. 왜냐하면 달에는 늘 크고 작은 운석이 끊임없이 날아들기 때문이다.

작은 운석일수록 낙하하는 빈도가 잦기 때문에 달 표면은 늘 작은 운석들로 어지럽혀질 것이다. 대기가 없는 달에서는 아무리 작은 운석이라도 초속 10km 이상의 속도로 충돌하기 때문에 얼음이 있었다면 운석의 충돌로 발생한 열에 의해 녹아버릴 것이다. 얼음이 녹으면서 증발한 물 분자 중 일부는 우주 공간을 떠돌고, 일부는 레골리스 틈새를 지나 더 깊은 지하로 이동한다. 그런 과정이 반복

되면서 얼음은 표면보다 더 깊은 지하로 스며드는 것이 아닐까 생각된다. 그 깊이가 수 cm일지 혹은 수십 cm일지는 아직 밝혀지지 않았다.

실제 가구야가 새클턴 크레이터 내부의 영구 음영 지역의 반사율을 계측했을 때, 스케이트링크의 얼음처럼 높은 반사율을 지닌 물질은 없었다. 미국의 달 탐사선 루나 리커니슨스 오비터(LRO)의 레이더 고도계가 새클턴 크레이터에서 높은 반사율을 보이는 부분을 발견하고 이를 얼음이 아닐까 추정하는 연구 발표도 있었다. 하지만 현재는 사장석 구성비가 높은 고순도 사장암이 노출된 것으로 생각되고 있다.

한편 위성 궤도상이 아니라 직접 달에 착륙해 영구 음영 지역을 관찰할 수 있다면, 소규모 운석 충돌로 생긴 지름 수 m 전후의 작은 크레이터에서 지하의 얼음이 노출된 곳을 부분적으로나마 확인할 수 있을 것으로 생각된다. 무인 탐사라도 직접 영구 음영 지역에 내려가 조사해보지 않고는 확실히 알 수 없다. 중성자 분광계가 수 m 깊이에 있는 수소를 검출했을 가능성이 있기 때문에 지하에 얼음이 존재하는 상황도 충분히 생각할 수 있다.

내 연구실에서는 달의 레골리스로 가정한 광물의 가루와 시미즈 건설이 만들고 있는 레골리스 모의 물질을 사용해 레골리스의 표면에 극히 미량의 얼음을 만드는 장치를 개발하고 있다. 그리고 그 장치로 만들어낸 0.1질량퍼센트의 얼음을 검출해내는 것을 목표로 근적외 분광카메라 제작에 몰두하고 있다.

JAXA는 2018년 10월 달 극역 탐사에 쓰일 관측기기의 검토 및 제안을 공모했다. 이때 제시된 조건은 레골리스에 함유된 0.5질량 퍼센트의 물을 검출하는 것이었다. 0.5질량퍼센트라고 하면 너무 적은 양이라고 느낄 수 있다. 하지만 모으면 엄청난 양이 된다.

　예컨대 영구 음영이 있는 크레이터 중 하나인 새클턴 크레이터 바닥에 0.5질량퍼센트의 얼음이 함유된 1m 두께의 지층이 있다고 치자. 물은 한 변이 1m인 정육면체의 수조를 가득 채우면 1,000kg 즉, 1톤이 된다. 레골리스를 구성하는 광물의 비중은 대략 3 정도 이지만 실제로는 빈틈없이 가득 차 있는 것이 아니기 때문에 한 변 이 1m인 정육면체에 채우면 대략 2톤 남짓 될 것이다. 새클턴 크 레이터의 지름은 약 21km이기 때문에 적게 잡아도 지름 15km, 높 이 1m의 원통의 부피가 얼음이 함유된 층이라고 생각하면 그 안에 들어 있는 물은 약 180만 톤이 된다. 물론 영구 음영 지역은 면적이 10배 이상 넓기 때문에 함유량이 0.5질량퍼센트라고 해도 막대한 수자원을 얻을 수 있는 것이다.

　한편 태양풍이 광물에 달라붙는 경우는 이미지가 조금 다르다. 광물 내부에서 물이 합성되고 그 물이 외부로 증발하면 지금까지 이야기했듯 레골리스 표면에 성에가 맺힌 것 같은 상태로 발견될 것이다. 하지만 물 분자가 광물 내부에 그대로 갇혀 있거나 수산기 로 존재하는 경우는 이야기가 조금 달라진다. 육안으로 관찰하면 일반적인 레골리스와 크게 다르지 않을 것이다. 하지만 가령 적외 선으로 관찰하면 광물 표면에 물 혹은 수산기의 특징을 보여주는

$$\frac{7500 \times 7500 \times 3.14 \times 1 \times 2 \times 0.5}{100} = 1,766,250$$

새클턴 크레이터에 함유된 물의 양

흡수선 현상이 나타날 것이다.

최근의 물 탐사 동향

다시 실제 시도되었던 물 탐사에 관한 이야기로 돌아가자. 가구야 이후에도 다양한 시도가 있었다. 예를 들어 2009년 미국의 엘크로스 계획 때는 달의 남극 지역 영구 음영이 있는 카베우스 크레이터에 로켓을 충돌시켜 뿜어져 나온 분출물을 근적외 분광계로 관측했다. 그 결과, 방출된 분출물에서 수증기의 광 흡수 특징을 관측했으며, 흡수량으로 추정한 크레이터 내부의 레골리스에 함유된 물의 농도는 약 5.6질량퍼센트라고 보고됐다.

최근 뉴스에서 화제가 된 것은, 2008년 논문에서 2008~2009년에 운용된 인도의 달 궤도 위성 찬드라얀 1호에 탑재된 NASA의 M3(Moon Mineralogy Mapper) 분광계의 데이터를 분석해 영구 음영 지역을 비추는 미량의 반사광을 이용해 얼음의 광 흡수를 직접 검출했다는 것이다.

이런 자료는 달에 대량의 물이 존재할 것이란 기대를 높였지만 관측기기의 노이즈에 묻혀 있던 데이터를 통계 처리해 얻어낸 자료이기 때문에 지구의 실험실에서 화학 분석을 통해 도출해낸 데이터에 비하면 신뢰성이나 물의 양을 예측하는 정확도는 현저히 낮다고 할 수 있다.

지금으로선 극역에서 관측되는 물질이 진짜 물인지, 아니면 태양풍 기원의 수소인지, 또 실제 이용 가능한 양이 존재하는지는 직접 가보지 않으면 알 수 없는 상황이다. 어떤 의미에서는 이만큼 착륙 탐사의 목적으로 적합한 주제는 없다. 1990년대부터 달 궤도 위성에 의한 다양한 관측이 이루어졌지만 물이 존재하는지는 여전히 과학자들 사이에서도 의견이 갈릴 정도로 중대한 문제이다. 하지만 직접 착륙해 탐사하면 명백히 밝혀질 것이다. 이렇게 성과를 알기 쉬운 탐사 주제는 흔치 않다.

만약 물이 없다면 어떻게 될까. 그때는 물이 아닌 태양풍 기원의 수소를 이용하는 방법을 연구하게 될 것이다. 물처럼 다루기 쉽진 않지만 레골리스 표면에 달라붙은 수소를 가열해 추출한 후 레골리스 광물에 함유된 산소와 반응시키면 물을 만들 수 있다. 연료 제조에 드는 비용이나 수고는 얼음이 존재할 때보다 더 많이 들기 때문에 생산 시설 건설에는 시간이 걸리겠지만 수소가 대량으로 존재한다면 역시 달에서 연료 보급을 하는 편이 효율적이다.

물이 있든 없든 달 탐사와 개발은 이루어지겠지만 그 후의 개발 순서는 크게 다른 길을 걷게 될 것이다. 앞으로 10년 이내에는 결론이 나오리라고 생각한다. 어쩌면 그 결론을 이끌어내는 것은 일본의 달 탐사선일지도 모른다.

제4장
달의 자원 채굴

현재 달까지 물자를 운반하는 비용은 1kg당 약 1억 엔(약 11억 원)이다. 그렇기 때문에 달 기지 건설에 쓰일 소재는 달에서 조달해야 한다. 이번 장에서는 달의 암석에서 채집할 수 있는 철, 마그네슘, 티탄, 알루미늄 등의 금속 자원과 태양전지 패널의 재료가 되는 규소에 대해 또 어떤 암석으로부터, 어떤 방식으로 채집할 것인지에 대해 해설한다. 더 나아가 금속 제조의 부산물로 산소를 만드는 이야기와 현지의 토양으로 건축자재를 만드는 이야기 등도 소개한다.

암석과 광물의 차이

달의 암석과 광물을 살펴보기 전에 먼저 혼동하기 쉬운 '광물'과 '암석'의 정의를 짚어보자.

광물은 '천연적으로 존재하는 무기 물질로, 화학 조성과 물리적 성질이 동일한 부분'이라고 정의할 수 있다. 천연적으로 존재한다는 것은 인공물이 아니라는 의미이기 때문에 플라스틱, 유리, 도기 등의 인공 물질은 광물이라고 부르지 않는다. 반드시 고체일 필요는 없기 때문에 수은도 광물의 일종이다.

광물학은 물리나 화학보다도 역사가 길고 원자와 분자의 발견으로 이어진 학문이다. 원자와 분자가 발견되기 전 이미 광물의 정의가 성립되었으며 그 후 수정을 거치며 종종 이유를 알 수 없는 예외도 생겼다. 예컨대 '얼음'은 광물이지만 '물'은 광물이 아니라는 예외 규정이 있다.

광물의 정의가 중요한 이유는 '물질의 성질이 나타나는 최소 단위'라는 것이다. 물질의 성질에는 밀도, 경도, 전기 전도도 등이 있다. 분자식이 동일하면 같은 물질이라고 생각할지 모르지만 예컨대 C라는 분자식으로 표현하는 물질에는 다이아몬드도 있고 연필심의 원료인 석묵도 있다. 같은 탄소 원자만으로 이루어졌어도 물질을 구성하는 구조가 다르면 물성은 물론 광물의 이름도 다르다. '광물'이라고 하면 지구과학 용어처럼 느껴지기도 하지만 물성이 나타나는 최소 단위라는 의미에서는 공학이나 고체물리학 분야에서도 종종 사용되는 개념이다.

또한 생물에서 기원한 물질은 광물이라고 부르지 않는다. 예를 들어 치아, 뼈, 패각, 신장 결석 등은 광물이라고 부르지 않는다. 하지만 이런 것들도 머지않아 새롭게 정의될 것이라고 생각한다. 이미 20여 년 전부터 광물학자들의 연구 대상은 치아나 산호와 같이 광물과 비슷한 특징을 지닌 생물 기원 물질로 확대되고 있기 때문이다.

이상하게 들리겠지만 '광물'의 정의를 완성한 단체인 국제광물학회가 주최하는 연구 발표회 중에는 '생체광물학'이라는 자기 모순적인 주제의 회의가 있다. 생체광물(정확히는 '생물 기원의 광물성 물질')이 광물에 속하게 될 날도 머지않았다.

한편 암석은 광물의 집합체이다. 단일 광물이든 여러 종류의 광물이 모인 것이든 관계없다. 재미있는 것은 암석은 생물에서 기원한 것이라도 암석이라고 부른다. 예컨대 화덕을 만드는 데 주로 쓰이는 규조토는 규조라고 하는 플랑크톤의 껍질이 바다 밑에 쌓여서 만들어진 암석으로 온전히 생물에서 기원한 물질이지만 암석이라고 부른다.

달 표면의 암석과 광물

이제 달 표면의 암석과 광물을 정리해보자. 주요한 암석 두 종류와 광물 네 종류만 기억해두면 달 과학에 관한 화제는 대부분 이해할 수 있다. 암석 두 종류는 프롤로그에서도 소개한 현무암과 사장암이다. 광물 네 종류는 앞서 나왔던 사장석, 휘석과 함께 감람석과 티탄철석을 알아두면 좋다.

감람석의 화학식은 $(Mg, Fe)_2SiO_4$이다. 앞서 나온 휘석과 비슷한 마그네슘, 철, 규소, 산소로 이루어진 광물이다. 지구에서 흔히 볼 수 있는 철 성분이 함유된 감람석은 올리브 잎과 같은 녹색을 띠고 있어서 올리빈(Olivine)이라고도 부른다. 감람석이라는 명칭은 올리브 나무를 감람나무와 혼동해 오역한 결과인 듯하다. 투명도가 높은 것은 페리도트(Peridot)라는 보석으로 유통된다. 페리도트는 8월의 탄생석으로도 유명하다.

감람석은 마그마의 온도가 높은 초창기에 형성되는 광물로, 마그마보다 다소 무겁기 때문에 아래로 가라앉아 달의 맨틀을 형성한 것으로 보인다. 또 맨틀에서 발생해 달 표면으로 분출된 현무암 용암 안에 포함되기도 한다. 지구의 지각 바로 아래에 있는 상부 맨틀도 감람석이 뭉쳐진 감람암이라는 암석으로 이루어진 것으로 추정된다. 지하에 마치 올리브 오일처럼 아름다운 초록빛 광물이 가득한 모습을 상상하면 어쩐지 즐거운 기분이 든다. 기회가 있다면 보석상에 들러 페리도트를 감상해보기 바란다. 학생도 쉽게 살 수 있는 가격의 보석이다.

또 하나 알아두면 좋은 광물이 티탄철석이다. 영어명은 일메나이트(Ilmenite)로 화학식은 $FeTiO_3$이다. 철, 티탄, 산소로 이루어진 광물이다. 달의 현무암에는 티탄철석이 다양한 농도로 함유되어 있어 달의 현무암을 더욱 자세히 분류할 때 쓰인다. 애니메이션 시리즈〈기동전사 건담〉에서는 건담의 장갑(裝甲)이 루나 티타늄(달에서 채취한 티탄으로 만든 합금)으로 만들어졌다는 설정이 나온다. 제작진 중에 달의 광물에 정통한 사람이 있었을 것이란 생각에 감탄했다. 티탄철석은 티탄뿐 아니라 철, 산소, 수소, 헬륨-3 등 다양한 자원 채집의 열쇠가 될 광물이다. 앞으로도 여러 번 등장하기 때문에 이름을 꼭 기억해두기 바란다.

이들 암석과 광물이 달 표면에 얼마나 존재하는지를 대강 머릿속으로 그려보자. 달의 고지와 바다의 면적비는 84 대 16이다. 이 비율을 사장암과 현무암이 분포하는 대강의 면적비로 생각해도 좋다. 암석을 구성하는 광물의 비율은 장소에 따라 다르지만 이미지를 그려보는 의미에서 다음과 같이 생각하면 좋다. 고지의 사장암을 구성하는 광물의 질량 비율은 사장석이 9할, 휘석이 1할 정도이다. 바다의 현무암을 구성하는 광물의 평균적인 질량 비율은 사장석 4할, 휘석 4할, 감람석 1할, 티탄철석 1할이다. 대략적으로 추정한 수치이지만 실제와 그리 큰 차이는 없을 것이다.

건축자재

건축자재로 쉽고 빠르게 사용할 수 있는 것은 레골리스를 소결(燒結)시켜 만든 블록이다. 소결이란 알갱이 형태의 고체 물질을 압축해 높은 온도로 가열하면 그 물질이 녹는점에 도달하지 않아도 알갱이끼리 서로 달라붙는 현상이다. 달 표면의 레골리스를 태양전지로 발전한 전기를 이용해 가열하는 전기로나 거울로 태양광을 모아 열을 얻는 태양로를 사용해 높은 온도로 가열하면 벽돌과 같은 블록을 만들 수 있다.

단순한 종류의 광물이 함께 밀착해 있으면 각각의 광물이 녹는 점보다도 낮은 온도에서 동시에 녹는 공융(共融)이라는 현상이 일어나기 때문에 실제로는 완전한 소결 현상이 아니라 일부가 녹으면서 더 빠른 속도로 달라붙게 된다. 보통 철분을 함유한 광물의 녹는점이 더 낮기 때문에 대부분 철분이 함유되지 않은 사장석으로 이루어진 고지의 레골리스보다는 철분을 함유한 휘석이 많은 바다의 레골리스가 더 낮은 온도에서 블록으로 만들기 쉬울 것이다.

달 표면은 우주 방사선과 미세 운석이 날아오는 위험천만한 공간이다. 그렇기 때문에 기지를 건설할 때는 수 m 이상의 두꺼운 벽을 세워야 한다. 낮은 비용으로 두꺼운 벽을 세우려면 레골리스로 만든 소결 블록이 가장 효과적일 것이다.

소결 블록은 다른 용도로도 쓰인다. 중장비의 누름돌로 이용하는 방법이다. 달의 중력은 지구의 6분의 1밖에 되지 않는다. 그렇기 때문에 중장비를 지면에 고정하는 힘도 6분의 1밖에 작용하지 않는다. 중장비의 본체는 지구에서 만들어 달로 가져가야 할 것이다. 운송비용을 생각하면 최대한 가볍게 만들어야 하는데 그러다 보면 지면에 고정되는 힘은 더욱 약해진다. 예컨대 포클레인으로 땅을 파려고 기계 삽을 들어 올리는데 본체가 들려버리거나 불도저의 경우 무한궤도가 헛돈다. 땅에 구멍을 뚫는 착암기는 드릴이 회전하지 않고 본체가 돌아버린다. 중장비의 무게를 늘리려면 본체에 레골리스를 싣는 방법도 좋지만 블록으로 만들어 사용하면 더욱 편리할 것이다.

금속

지금까지 살펴보았듯이 달의 광물에는 철, 티탄, 마그네슘, 알루미늄, 규소 등의 원소가 풍부하게 함유되어 있다. 이 원소들은 산소와 결합해 있기 때문에 산소를 분리해내면 사용하기 쉬운 원재료가 된다. 예컨대 지구에서 가져온 수소 혹은 레골리스에 꽂힌 태양풍 기원의 수소를 모아 광물과 함께 높은 온도로 가열하면 각 원소에 결합해 있던 산소는 수소를 만나 물이 되고 각각의 원소는 단일 원소로 추출해낼 수 있다.

그중에서도 철, 티탄, 산소로 이루어진 티탄철석은 특히 산소를 추출하기 쉽기 때문에 철과 티탄은 달의 바다에 있는 레골리스에서 티탄철석을 선별해 만들어질 것이다. 다만 이렇게 만든 철은 지구에서 건축자재로 쓰이는 강철이 아닌 순수한 철이다. 강철은 순수한 철에 미량의 탄소를 첨가해 강도를 높인다. 달에는 탄소를 함유한 광물이 거의 없기 때문에 탄소가 함유된 강철을 만들기는 어렵다.

하지만 강철을 만들 때 탄소를 첨가하는 것은 지구에서의 제철 과정이다. 지구에서는 철광석 내부의 철과 결합한 산소를 추출하기 위해 용광로에 철광석과 탄소 소재의 코크스를 넣고 가열함으로써 환원 반응을 일으킨다. 처음 분리된 철은 탄소 함유량이 매우 높기 때문에 탄소 농도를 낮춰 강철을 만든다. 달에서는 탄소를 구하기 어려워서 다른 원소를 이용해 철의 강도를 높이는 방법을 찾아야 한다. 원재료가 티탄철석이라 티탄을 첨가하는 것이 가장 빠른 방법일 것이다. 아니면 달에 있는 대량의 사장석에서 추출할 수 있는 알루미늄도 있다.

지구의 금속공학은 지구 환경을 전제로 한다. 달에서는 원재료로 철광석을 이용하지 않고 산소를 함유한 대기가 없기 때문에 녹슬 걱정도 없다. 앞으로는 달 환경에 적합한 제철 방법이나 합금 배합을 연구하는 달 전문 금속공학이 필요해질 것이다.

마그네슘과 규소는 달의 바다를 형성하는 현무암의 주요 구성 광물인 휘석과 감람석에 함유되어 있기 때문에 이들을 높은 온도에서 수소와 반응시켜 추출하면 된다. 마그네슘 합금은 우주선에서 사용하는 기기를 가볍게 만드는 구조재로 긴히 쓰인다. 일반적인 마그네슘 합금은 알루미늄과 아연을 첨가해 만드는데 달에서는 알루미늄은 풍부한 대신 아연을 구하기 어렵다. 이때도 달에서 구하기 쉬운 합금 배합 연구가 필요하다.

규소는 태양전지 패널의 재료로 많은 양이 필요해질 것이다. 태양전지 패널로 발전한 전기로 광물을 녹일 열을 만들고, 광물을 녹여 추출한 규소로 또다시 태양전지를 만든다. 그런 순환 과정을 거쳐서 달 표면을 태양전지로 뒤덮는 작업이 이루어질 것이다.

알루미늄은 지구와 마찬가지로 전기분해를 이용해 만들게 될지 모른다. 다만 그 경우, 대량의 물과 탄소 전극이 필요하기 때문에 이런 자원을 새롭게 보충하지 않고도 생산이 가능하도록 재사용 방법을 강구해야 한다.

지금까지 살펴본 내용은 결국 모든 유용한 원소에서 산소를 추출해내는 과정이다. 달 환경에서의 이런 과정을 연구하는 사람은 아직 드물기 때문에 앞으로 발전이 기대되는 분야이다. 우선 달에서 구할 수 있는 원재료만으로 제련하는 방법을 찾는 것이 핵심이다. 다음으로 제련 공정의 온도를 크게 높이지 않아도 될 만한 촉매나 첨가물을 찾아내는 것도 중요하다. 촉매나 첨가물을 반드시 달에서 조달할 필요는 없지만 달에 없는 경우에는 완전히 재사용이 가능한 물질이어야 한다. 앞으로 많은 연구자들이 달 환경 혹은 화성의 환경을 전제로 한 금속공학 분야를 개척해나가게 될 것이다.

산소

산소는 호흡하는 데 필요할 뿐 아니라 수소를 연료로 사용하는 경우에는 산화제 즉, 연료를 연소시키기 위한 공기의 성분으로서도 유용하다. 달에는 대기가 없기 때문에 산소도 없을 것이라 생각할지 모르지만 실은 암석 내부에 산소 원자로서 존재하고 있다. 산소 원자는 철이나 마그네슘 등 암석을 구성하는 산소를 제외한 대부분의 원자들보다 크기가 커서 암석의 부피 거의 대부분을 차지한다고 해도 과언이 아니다.

참고로 대기 중에 산소 가스가 있는 천체는 태양계에서는 지구가 유일하다. 식물이 광합성을 통해 계속해서 산소 가스를 만들어내고 있기 때문이다. 만약 식물이 광합성을 멈춘다면 지구의 산소 대기는 지표의 물질을 산화시키는 작용, 바꿔 말하면 철 따위를 녹슬게 하는 작용을 하는 데 쓰여 금방 바닥이 날 것이다.

과거 지구에는 산소 대기가 없었지만 약 30억 년 전 광합성을 하는 생물이 탄생하면서 갑자기 산소 대기가 생겨났다. 그때 바닷물에 녹아 있던 철 이온이 산화해 바다 밑바닥에 가라앉으면서 형성된 지층이 호상철광층이다(그림 20). 이 호상철광이 바로 지금의 문명사회를 떠받치고 있는 철광석이다. 인류의 문명이 원시 생물의 탄생 덕분에 유지되고 있다는 것은 무척 흥미로운 일이지만 모든 행성에 철광석이 있을 것이란 추측은 성급한 생각이라는 점을 기억해두자.

산소는 달의 광물에서 금속 원소를 추출할 때 부차적으로 생산할 수 있다. 물의 형태로 추출해 전기분해함으로써 산소를 만들어내게 된다. 향후 달에서 대규모 농업이 이루어지게 되면 식물의 광합성으로도 산소가 만들어질 것이다. 그러다 보면 산소는 점점 남게 된다.

남아도는 대량의 산소는 태양풍 기원의 수소를 연료로 태울 때 산화제로 이용할 수 있다. 더 먼 미래에는 달에서 생성된 산소를

〈그림 20〉 호상철광층

메탄 등의 연료는 많지만 산소 대기가 없는 화성이나 토성 혹은 목성의 얼음 위성으로 가져가 현지에서 연료를 태우기 위한 산화제로 사용하게 될지도 모른다.

핵물질을 이야기하기 전에

핵물질이라고 하면 위험한 것으로 느끼는 독자도 있을 것이다. 동일본 대지진 당시 후쿠시마 원자력발전소의 노심 융해 사고로 방사성물질이 누출되면서 일대를 회복하기 어려운 지역으로 만들고 말았다. 행방불명된 가족을 남겨둔 채 피난을 떠나야만 했던 사람들의 가슴에는 가족을 잃은 슬픔에 더해 더욱 깊은 상처가 남았을 것이다. 지금도 정든 고향을 떠나 마음의 안정을 찾지 못한 사람들이 많을 것이다.

원자력발전소 사고는 자연 재해로 본 피해를 회복이 어려운 수준으로까지 악화시키고 말았다. 하지만 나는 원자력발전소를 완전히 폐지해야 할지에 대해서는 아직 결론을 내리지 못했다.

2018년 아소산 칼데라의 분화 위험성 때문에 가동이 중지되었던 시코쿠전력의 이카타원자력발전소의 재가동이 승인되었다는 뉴스가 있었다. 칼데라의 파국적 분화가 일어나면 일본 규슈 지방의 거의 모든 사람들이 살아남지 못할 정도로 엄청난 피해를 주게 된다. 이카타 지역은 화산 재해만으로도 대부분 거주가 불가능한 상황이 된다. 거기에 원자력발전소의 노심 용해까지 일어나면 오랫동안 재건이 불가능하기 때문에 그런 상황만은 피해야 한다.

대량의 화산재가 쌓여도 원자력발전을 완전히 멈출 수 있는 기술이 반드시 완성되어야 하지만 단순히 원자력발전소를 가동하지 않는 것만이 칼데라의 파국적 분화에 대한 대비책은 아니다. 확실히 일본 국내에서 칼데라의 파국적 분화가 일어나면 원자력발전소는 멈추는 것이 안전하다. 하지만 북미의 옐로스톤이 파국적 분화를 일으킨 경우에는 어떨까. 북미 서해안이 파멸 상태가 되면 국제정세는 어떻게 될까. 해상 운송의 안전은 확보될 수 있을까. 그런 상황에서 석유나 천연가스의 수입이 중단되면 원자력발전이 일본인의 생명을 구하게 될지도 모른다.

2016년 우주 화산을 연구하던 나는 원자력규제위원회가 원자력발전소의 재가동 판정에 사용하는 강하화산재량 예측 시뮬레이션 프로그램에 문제가 있다는 사실을 알게 되었다. 나는 화산학회의 연구자를 통해 원자력규제위원회에 연락을 취했다. 그 결과, 겐카이원자력발전소의 재가동이 일시 연기되는 영향은 있었지만 프로그램 문제는 즉각 수정되어 현재는 전국의 전력 회사가 올바른 프로그램으로 강하화산재량을 예측하고 있다.

달에 관한 이야기에서 상당히 벗어나고 말았지만, 원자력이나 핵물질에 대해 이야기하기 전에 내가 결코 이런 물질들의 이용을 쉽게 생각하고 있지 않다는 점과 과학자의 입장에서 재해를 최소화하고 원자력발전의 안전성을 유지하기 위해 미력이나마 애쓰고 있다는 것을 알아주었으면 하는 마음에서 굳이 지면을 할애해 이야기했다. 새로운 과학기술로 인류의 미래를 좌우한다는 의미에서 우주 개발 역시 장기적인 안목으로 장단점을 잘 살핀 후 진행해야 한다.

원자력전지를 사용할 수 없다면

일본은 원자폭탄이 투하된 역사가 있기 때문에 방사성물질에 대한 경계심이 강한 나라이다. 의료에 이용되는 방사성물질에 대해서도 미국이나 유럽보다 엄격한 기준을 적용한다. 우주 분야에서는 원자력전지의 운용에 큰 차이가 있다.

원자력전지란 방사성물질에서 나오는 열로 발전하거나 방사성물질에서 나오는 방사선을 형광물질에 충돌시켜 얻은 빛을 이용해 발전하는 구조의 발전장치의 일종이다.

원자력전지는 수십 년에 걸쳐 전기를 생산할 수 있기 때문에 우주에서는 특히 중요하게 쓰이는 전지이다. 예컨대 프롤로그에서 소개한 태양계의 가장자리를 관측한 보이저 탐사선이 발사 이후 40년 넘게 지구로 데이터를 보낼 수 있었던 것도 원자력전지 덕분이다. 태양광은 태양과의 거리의 제곱에 반비례해 약해지기 때문에 태양에서 멀리 떨어진 곳에서는 태양전지로 탐사선의 전력을 충당하기 힘들다. 그런 이유로 목성, 토성, 천왕성, 해왕성 등의 외행성을 탐사하는 보이저호에는 원자력전지가 탑재되었다.

외행성 탐사뿐 아니라 달 탐사에도 원자력전지는 유용하게 쓰인다. 예를 들어 중국 최초의 달 착륙선 창어 3호의 탐사차 위투(玉兎)에는 원자력전지가 탑재되어 있었다. 달에서는 영하 170°C에 달하는 밤이 2주나 이어진다. 태양광발전이 어려운 밤 동안 전자회로 등이 얼어붙어 고장을 일으킬 가능성이 크다. 위투는 밤이 계속되는 동안 원자력전지를 이용해 기기를 따뜻하게 유지했다. 2013년 3월 비의 바다에서 탐사 활동을 시작해 2014년 2월 밤의 극저온 때문에 일단 활동을 멈추었지만 수주일 후 다시 활동을 재개해 2015년 10월에는 사상 최장 기간 달에서 활동한 탐사차가 되었다. 그후에도 계속해서 탐사 활동을 펼치다 2016년 8월 3일 가동을 멈췄다. 구소련의 대형 월면차의 가동 기간 11개월을 뛰어넘은 대기록이었다. 원자력전지의 위력을 실감할 수 있는 성과이다. 참고로 구소련의 월면차도 달의 밤 동안에는 보온을 위해 원자력전지를 사용했다.

〈마션〉이라는 SF 영화가 있다. 예기치 못한 사고로 화성에 홀로 남겨진 우주 비행사가 다음 화성 로켓이 도착하기까지 화성에서 살아남는 과정을 그린 영화이다. 영화 속 주인공이 화성의 극한 기후를 버틸 수 있었던 것도 원자력전지 덕분이었다. 원자력전지는 구조가 간단해 점검이 필요 없고 수십 년 이상 계속 발전할 수 있기 때문에 우주에서 사용하기에 안성맞춤인 전지이다.

하지만 일본에서는 원자력전지라는 선택지를 고를 수 없다. 향후 상황이 바뀔지도 모르지만 일본이 원자력전지를 사용하게 될 미래는 좀처럼 그려지지 않는다. 다른 여러 나라에서도 원자력전지 사용이 점점 어려워지고 있다. 예를 들어 원자력전지를 실은 미국의 토성 탐사선 카시니(Cassini)는 일단 지구 근처로 돌아와 지구 궤도를 스치듯 비행하면서 속도를 얻는 스윙바이(swing-by)라는 항법을 실행하려고 했다. 스윙바이 일정이 가까워졌을 무렵, 지구와의 근접 비행을 반대하는 운동이 일어났다. 만약 로켓이 추락해 원자력전지가 파괴되면 지구가 위험에 처한다는 이유였다. 카시니는 스윙바위를 단행했고 그 후 토성 탐사에도 성공했지만 핵물질에 대한 저항감이 느껴지는 일화이다.

원자력전지는 공중에서 낙하해도 부서지지 않을 만큼 튼튼하게 만들어졌지만 절대 부서지지 않는다고 단언할 수도 없고, 바다에 떨어지는 경우에는 괜한 소문으로 어업에 종사하는 사람들이 피해를 볼 가능성도 있다. 결국 생각할 수 있는 방법은 달에서 핵물질을 채굴하는 것이다. 달에서 채굴해 달에서 원자력전지를 만들면 지구에 떨어질 위험은 없기 때문이다.

우라늄 광상

　그렇다면 달에는 핵물질이 있을까. 더 구체적으로는 핵연료의 원료가 될 우라늄 광상이 있는지 생각해보자. 우라늄은 분명히 있다. 하지만 채굴이나 정제에 드는 비용적인 측면에서 현실성이 있을 만큼의 고농도 광석이 존재하는지는 아직 밝혀지지 않은 상황이다.

　지구의 우라늄 광상의 우라늄 함유량은 0.1~20% 정도이다. 한편 달은 위성 궤도상에서 측정한 바에 따르면 커다란 면적의 평균적인 농도밖에 알 수 없지만 약 2PPM의 농도를 지닌 지역이 존재한다. 이 지역에 있는 광물에 우라늄이 폭넓게 분포한다면 이 광석을 채굴해 우라늄을 추출하는 데 상당한 비용이 들 것이다.

　하지만 실제로는 100배 정도로 농축된 암석이 100분의 1의 면적에 모여 있을 수도 있다. 그렇다면 지구의 광석에 비해 한두 자릿수가량 농도가 낮은 광상이라는 말인데 지구에서 달까지의 막대한 운반비용을 생각하면 채굴하는 편이 채산이 맞는다.

　지구의 우라늄 광상에는 우라늄이 열수(熱水)에 녹으면서 농도가 높아지는 구조를 가진 곳도 있지만 액체인 물이 거의 없는 달에서는 그런 농축 구조를 기대하기 어렵다. 하지만 마그마를 이용한 농축 구조는 존재한다. 마그마에서 광물이 형성될 때 우라늄이나 토륨과 같은 방사성원소는 이온 반지름이 크기 때문에 광물에 섞이는 대신 마그마에 그대로 남아 있게 된다. 그렇기 때문에 광물이 충분히 형성되고 남은 마그마 내부의 방사성원소의 농도는 점점 높아진다.

달에는 이렇게 방사성물질이 축적된 마그마가 가장 마지막에 굳어진 것으로 보이는 지역이 분명히 존재한다. 예컨대 핸스틴·알파라고 불리는 화산 돔은 규소가 많은 지역이라는 사실이 위성 궤도에서의 관측으로 밝혀졌다. 지구에서도 규소가 많이 함유된 화강암질의 마그마가 암반을 뚫고 들어간 곳에 우라늄 광상이 형성되는 예가 있으며 우라늄이 농축되는 원리는 같다.

달의 뒷면에도 일부 지역에서 이례적으로 높은 농도의 토륨이 검출되는 장소가 있다. 콤프턴·벨코비치 토륨 이상 지역이라고 불린다. 우라늄이나 토륨 모두 결정보다는 마그마에 쌓이기 쉬운 성질은 같기 때문에 토륨 이상 지역에는 우라늄 광상이 있을 가능성이 높다. 이 밖에도 마그마가 우라늄이나 토륨을 축적하고 있을 가능성이 높은 지역은 여럿 있지만 인류는 아직 어느 지역에서도 시료를 가지고 돌아온 적이 없으며, 직접 달에 착륙해 암석을 가까이에서 관측한 적도 없다.

핵물질은 정제 과정이 매우 복잡하기 때문에 우라늄 광상이 존재한다고 해도 지구에서 가져가는 것보다 낮은 비용으로 채굴할 수 있게 되기까지는 적지 않은 시간이 걸릴 것이다. 달 개발 초기 단계에서는 이용하기 쉽지 않을뿐더러 현재는 지구에서 원자력전지를 발사하는 데 비교적 저항이 적은 중국을 비용적인 면에서 앞설 만한 승산이 없다. 외행성의 위성으로까지 변경을 넓히고 있는 시대를 준비하기 위해 핵물질 이용에 관해 신중히 검토할 필요가 있

다. 어쩌면 중국이 지구에서 쏘아 올린 원자력전지를 달에서 구매
해 사용하는 선택지도 생각해야 할지 모른다.

제5장
달의 일등지,
토지 자원의 개발

　달에도 일등지가 있다. 심지어 두 종류이다. 첫 번째는 일조율이 높은 지역이다. 달의 밤은 2주나 계속된다. 극도로 기온이 낮아 일반적인 기계장치는 고장 나버린다. 하지만 일본의 달 탐사선 가구야가 달의 극지방에서 연간 80%에 달하는 기간 동안 태양광이 도달하는 장소를 발견했다.

　두 번째는 가구야가 발견한 수혈(竪穴)이다. 용암이 흐르면서 만들어진 용암 터널의 천장에 운석이 떨어져 생긴 구멍으로 여겨진다. 이 용암 터널을 활용하면 거대한 지하 공간에 안전한 도시를 만들 수 있다.

　이번 장에서는 장소가 한정되어 있어 치열한 경쟁이 예상되는 자원과 광범위하게 분포되어 있어 서둘러 확보하지 않아도 될 만한 자원에 대해서도 알아본다.

고일조율 지역

제2장에서 이야기했듯이 극저온의 세계가 2주나 지속되는 달의 밤 기간을 무사히 넘기려면 고도의 기술이 요구된다. 제3장에서 소개한 영구 음영 지역처럼 가구야의 탐사 이전에는 영구 일조 지역도 있을 것이라는 기대가 있었다. 달의 남·북극 지역은 태양이 늘 지평선 부근에 있기 때문에 높직한 언덕과 같은 곳이라면 계속해서 태양광이 내리쬘 것이라고 예상했다.

가구야의 레이저 고도계로 관측한 상세한 지형 데이터를 토대로 태양과 달의 위치 관계를 시뮬레이션해본 결과, 아쉽게도 태양광이 끊임없이 내리쬐는 영구 일조 지역은 존재하지 않는다는 것을 알게 되었다. 대신 연간 80%에 달하는 기간 내내 태양광이 내리쬐는 고일조율 지역이 있다는 것이 밝혀졌다.

이 지역에서는 태양광이 비추는 동안에는 태양전지를 이용해 배터리를 충전하고 그늘이 지면 배터리의 전기로 장치가 얼어붙지 않게 데우며 극저온의 시기를 간단히 넘길 수 있을 듯하다. 탐사선이 착륙하거나 유인 달 기지를 만들 때에도 최적의 장소이다.

하지만 고일조율 지역에서 태양은 늘 지평선 부근에 떠 있다. 다시 말해 태양전지 패널을 지면과 평행으로 설치하면 태양광이 비스듬히 내리쬐기 때문에 충분한 발전량을 얻지 못한다. 그래서 태양전지를 범선의 돛을 올리듯 태양을 향하도록 설치해 발전한다.

달의 얼음을 탐사하는 극역 탐사 착륙선의 착륙 지점도 고일조율 지역이 선택될 가능성이 높다. 다만 극역 탐사의 경우 착륙 지점이

넓은 것도 중요하지만 착륙 후 무인 탐사차가 이동할 때 좁더라도 영구 음영 지역까지 이어져 있는 장소가 우선적으로 선택될 것이다. 다소 비좁은 지역이든 일조율은 조금 떨어지지만 넓은 지역이든 한정된 탐사 기간 동안에만 태양광이 비치면 그만이기 때문에 영구 음영 지역과 가까운 장소가 착륙 지점으로 선택될 가능성도 있다.

고일조율 지역이 있는 극역은 태양의 고도가 늘 낮기 때문에 조금만 벗어나도 태양광이 거의 도달하지 않는 장소이다. 자칫 그런 곳에 착륙하면 태양광발전량이 부족해 탐사 계획 자체가 실패로 끝날 우려가 있다. 제3장에서 소개한 일본과 인도가 공동으로 추진하는 달 극역 탐사계획의 경우, 목표 지점에 반지름 50m 이내의 정확도로 착륙해야 한다. 일본은 2022년 소형 달 착륙선 SLIM으로 반지름 100m 이내의 정확도로 착륙하는 계획을 세계 최초로 수행할 예정이다. 고일조율 지역의 탐사와 개발을 위해서는 정확도 높은 착륙 기술이 필수이다.

수혈과 용암 터널

수혈은 일본의 달 탐사선 가구야가 처음 발견한 불가사의한 지형이다. 〈그림 21〉은 가구야가 발견한 세 개의 수혈을 촬영한 사진이다. 큰 것은 지름이 약 100m, 깊이도 100m에 이른다. 이 수혈은 일반적인 크레이터보다 깊이가 깊을 뿐 아니라 내부에 훨씬 넓은

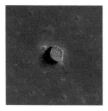 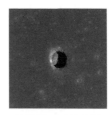 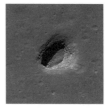

| 마리우스 언덕의 수혈 | 고요의 바다의 수혈 | 현자의 바다의 수혈 |
| (60×50m, 깊이 40m) | (100×90m, 깊이 100m) | (100×70m, 깊이 60m) |

〈그림 21〉 '가구야'가 발견한 세 곳의 수혈
사진은 루나 리커니슨스 오비터가 촬영한 화상
(NASA/GSFC/Arizona State University)

공간이 있는 듯하다.

이 수혈은 용암 터널의 천장에 구멍이 뚫려 만들어진 것으로 보인다. 용암 터널은 지구의 경우 화산 주변에서 주로 볼 수 있다. 용암이 흘러내릴 때 먼저 가장자리가 식으면서 제방과 같은 구조를 만들고, 상류에서 흘러내려오다 식은 용암 조각이 하류로 흐르는 용암류의 천장을 덮으면서 터널이 형성된다. 용암의 분출이 약해지면 용암류의 수위가 낮아지면서 터널과 같은 빈 공간만 남는다. 이렇게 만들어진 지형이 용암 터널이다.

일본의 후지산 주변에는 풍혈이라고 불리는 동굴이 많은데 이 동굴들 모두 용암 터널이다(그림 22). 화산섬인 하와이에도 곳곳에 용암 터널이 있는데 간혹 지하에 용암 터널이 있는 줄 모르고 집을 짓는 바람에 함몰되는 경우도 있다고 들었다.

달에도 화산 지형이 많이 남아 있기 때문에 용암 터널이나 용암 터널 천장에 뚫린 구멍이 다수 발견될 듯하지만 가구야 이전에는

112

〈그림 22〉 후지산에 있는 용암 터널의 출구 부근

전혀 발견된 적이 없었다. 가구야가 수혈을 발견한 이후 달에 간 미국의 달 탐사선 루나 리커니슨스 오비터(LRO)는 가구야가 발견한 세 곳을 포함해 200개 이상의 수혈을 발견했다. 다만 어느 정도 크기가 크고 내부에 빈 공간이 있는 수혈은 가구야가 발견한 세 곳이다.

수혈이 용암 터널 천장에 뚫린 구멍인지, 아니면 용암의 수위가 낮아진 화산의 화구인지, 그것도 아니면 완전히 다른 과정으로 생긴 지형인지는 정확히 밝혀지지 않은 상태였다. 그러던 2017년 가구야에 탑재된 레이더 사운더라는 전파의 반사를 이용해 달의 지하 구조를 추정하는 관측장치의 데이터를 분석해, 마리우스 언덕 근처의 수혈에서 뻗어 있는 용암 터널과 같은 지하 구조를 발견했다는 논문이 발표되었다. 전파의 반사 결과가 용암 터널을 나타낸다고 하면 그 거리는 연장 50km에 달한다.

실제 대규모 용암 터널이 뻗어 있는지, 다른 수혈에도 용암 터널이 존재하는지는 직접 착륙해 용암 터널로 들어가보지 않으면 알 수 없다. 정말 용암 터널이 있다면 대규모 기지를 건설하기에 최적의 장소가 될 것이다. 제2장에서 이야기했듯이 달 표면은 운석과 방사선이 날아오는 위험천만한 공간이지만 용암 터널이라면 수십 m의 두꺼운 천장이 그런 위험으로부터 보호해줄 것이다.

또 지하는 달 표면만큼 한란의 차이가 크지 않을 것으로 예상되기 때문에 온도 조절도 용이하다. 그리고 용암 터널이라면 벽면이 빠르게 식으며 유리화(琉璃化)되었을 것이다. 유리화된 지층이 수억 년 동안 파괴되지 않고 남아 있을지는 직접 가보지 않으면 알 수 없지만, 만약 유리화된 지층이 남아 있다면 공기가 쉽게 새지 않기 때문에 터널의 일부 구간을 분리해 공기를 채우기만 하면 거대한 달 기지를 만들 수 있다.

장소로서의 자원

고일조율 지역이나 수혈 외에도 장소적으로 중요한 자원에 대해 정리해보자.

먼저 영구 음영 지역이 있다. 제3장에서 얼음이 저장되어 있을 가능성이 높은 장소로 소개한 영구 음영 지역의 또 다른 의의를 살펴보자. 영구 음영 지역의 이용 가치는 영하 190℃ 이하의 극저온이라는 점에 있다. 여기에 초전도라는 기술을 결합하면 다양한 방식으로 활용될 수 있다.

초전도란 물질의 전기저항이 0이 되는 현상으로 어떤 종류의 물질이 극저온으로 냉각될 때에만 나타나는 성질이다. 초전도성이 나타나는 온도를 최대한 실온에 가깝게 만들려는 연구가 이루어지고 있지만 아직 실온 초전도에는 이르지 못했다. 현재로서는 영하 123℃가 최고 온도이다.

영구 음영 지역에서는 이 초전도를 실현할 저온 환경을 간단히 조성할 수 있다. 초전도물질로 만든 코일에 전기를 흘려 전기저항 없이 강력한 자기장을 발생시키는 장치는 다양하게 응용할 수 있다. 예를 들어 초전도 플라이휠 축전 시설도 만들 수 있다.

플라이휠은 바퀴처럼 생긴 크고 무거운 회전판을 전동기를 이용해 회전시킨다. 초전도 코일의 자력을 이용해 회전판을 공중에 부양시키면 회전에너지가 사라지는 일 없이 계속해서 회전한다. 전기가 필요할 때에는 회전판의 회전에너지를 이용해 발전함으로써 저장해둔 에너지를 꺼내 쓰면 된다. 달에서는 밤이 2주나 계속되기 때문에 낮 기간에 발전한 전기를 밤을 위해 비축해두기에 유용한 방법이다.

초전도 코일의 또 다른 활용 방법으로 기대를 모으고 있는 것은 핵융합로이다. 다음 장에서 자세히 소개하겠지만, 달에서 채굴할 수 있는 헬륨-3은 핵융합로의 연료로 주목받고 있는 물질이다. 양자 2개와 중성자 1개로 이루어진 헬륨-3 원자와 양자 1개와 중성자 1개로 이루어진 중수소를 반응시켜, 양자 2개와 중성자 2개로 이루어진 헬륨-4 원자와 양자 1개가 될 때 막대한 에너지가 발생하는 것이다.

핵융합로는 1억 ℃ 이상의 상상을 초월하는 온도로 가열한 연료 물질을 좁은 공간에 가두어야 한다. 당연히 그 정도 고온에 버틸 만한 용기는 존재하지 않는다. 그래서 생각해낸 것이 강력한 전자석으로 자기장을 만들어 가두는 방법이다. 전력을 이용해 이런 전자석을 만들면 발전 전력보다 훨씬 많은 전력이 사용되지만 초전도 코일이라면 전력 0으로 강력한 자기장을 발생시킬 수 있다. 이런 이유로 미래의 핵융합로는 영구 음영 지역에 만들어질 가능성이 높다.

물론 그 전에 실온에서 발현하는 초전도물질이 개발된다면 영구 음영 지역만을 고집할 필요는 없어진다. 달에 핵융합로가 건설되는 것과 실온 초전도물질이 개발되는 것, 과연 어느 쪽이 먼저일까.

한편 초전도 양자컴퓨터라고 하는 차세대 컴퓨터의 개발도 진행되고 있다. 머지않아 광대한 달 표면에 펼쳐진 거대 태양전지 패널의 동력과 영구 음영 지역의 저온을 이용해 달 극역의 크레이터 안에 세운 초전도양자컴퓨터센터에서 온갖 복잡한 계산을 수행하는 시대가 올지 모른다.

장소적으로 중요한 자원이라는 말은 우주 관측에 최적의 장소라는 의의도 있다. 예를 들면 중력파 천문대를 건설한다는 구상이다. 2015년 지구에 있는 시설에서 최초로 중력파를 검출해내고 2017년 그 성과에 공헌한 연구자가 노벨 물리학상을 수상했다. 달에는 대

기가 없고 진동의 발생원도 지구에 비해 매우 적기 때문에 정확도
가 높은 대형 중력파 천문대를 만들 수 있다.

그 밖에 저주파 전파 천문대를 세우려는 구상도 있다. 지구에는
인공적인 전파원이 너무 많아 10㎒(메가헤르츠) 이하의 저주파 전파
는 관측하기 어렵다. 그렇기 때문에 지구의 전파에 방해받지 않는
달의 뒷면에 저주파로 우주를 관측하는 전파 망원경을 만든다는
구상이다. 2019년 1월 인류 최초로 달의 뒷면에 착륙한 중국의 창
어 4호는 저주파 전파를 통해 우주 관측을 시도한다고 한다. 어떤
모습을 보게 될지 결과가 무척 기대된다.

그 밖에도 화성 탐사와 개발을 위한 시험장이라는 의의는 물론
관광지로서의 이용 가치도 있을 것이다.

경쟁 자원

여기서는 경쟁 자원과 비경쟁 자원에 대해 정리해보자. 경쟁 자
원은 한정된 장소에 존재하는 것이다. 먼저 개발에 나선 나라나 기
업이 독점할 가능성이 있다. 비경쟁 자원은 광범위하게 존재하기
때문에 서로 경쟁할 필요가 없는 자원이다.

참고로 여기서 말하는 독점이라는 말에는 어떤 악의적인 의미도
없다. 우주 개발에는 막대한 비용이 들 뿐 아니라 확실한 수익이
보장되는 것도 아니다. 위험도 높은 프로젝트에 도전한 나라나 기
업이 어느 정도 독점적인 이익을 얻는 구조를 만들지 않으면 우주

개발은 진전되지 않는다. 호랑이 굴에 들어간 사람이 호랑이 새끼를 잡는 것은 어떤 의미에서는 평등한 시스템이라고 생각한다. 그럼 이제부터 호랑이 새끼가 어디에 있는지 설명해보자.

먼저 경쟁이 확실한 지역으로 앞에서도 이야기한 고일조율 지역이 있다. 달의 남·북극 지역에 있는 높직한 언덕과 같은 지형으로 사방 수백 m에 한정된 구획이 달 전체에 다섯 곳 정도밖에 되지 않는다. 일단 탐사선이 착륙하면 다른 탐사선이 근처에 착륙하기 어렵기 때문에 제일 먼저 탐사선을 착륙시킨 나라나 기업이 사실상 그 지역을 독점하게 된다. 2020년대에는 많은 나라들이 달의 극역을 목표로 탐사를 계획하고 있어 고일조율 지역을 둘러싼 경쟁은 이미 진행 중이라고 볼 수 있다.

다음은 수혈이다. 수혈은 지하에 용암 터널이 뻗어 있을 경우 입구로 사용될 중요한 지형이다. 현재까지 200개 이상의 수혈을 발견했지만 내부에 용암 터널과 같은 빈 공간이 있을 법한 곳은 가구야가 발견한 세 곳 정도이다. 관광 개발이 목적이라면 지구가 보이는 달 앞면의 수혈이 적합할 것이다.

용암 터널을 기지로 이용할 때 천연의 수혈 대신 인공적으로 입구를 뚫는다면 이용 가능한 장소는 훨씬 늘어난다. 경쟁적으로 개발할 필요성도 없다. 다만 수십 m 두께의 터널 천장에 구멍을 뚫는 것은 쉬운 일이 아니다. 다이너마이트는 진공 상태의 달에서도 폭발시킬 수 있지만 대기가 없는 달에서는 파편이 엄청난 속도로 날아가버리기 때문에 굉장히 위험할 수 있다. 달에서 토목공사를 하려면 달의 환경을 고려한 특별한 대책이 필요하다.

계속해서 어느 정도 장소가 한정된 자원으로 영구 음영 지역이 있다. 영구 음영 지역은 복수의 크레이터 바닥에 넓게 분포되어 있기 때문에 얼음을 채굴할 수 있는 면적은 충분하지만 대신 채굴 기지로 쓰일 영구 음영 지역 근처의 일조율이 높은 지역을 두고 경쟁을 벌이게 될 것이다. 또 영구 음영 지역에서 물이 발견된다고 해도 모든 크레이터 바닥의 영구 음영 지역에 같은 정도의 물이 함유되어 있을지는 알 수 없다는 것에 주의해야 한다. 얼음의 기원을 생각하면 크레이터마다 물의 양이 다른 원인을 찾기는 쉽지 않다. 달의 자전축이 변화하면서 영구 음영이 드는 장소가 점차 바뀌었을 가능성도 고려해야 할 것이다.

다음은 핵연료 광상이다. 앞서 이야기한 화산 돔 핸스틴·알파는 사방 30km 정도의 크기이며, 마찬가지로 규소가 많이 함유된 마그마가 암반을 뚫고 들어간 것으로 보이는 지역이 달의 앞면에서 여섯 곳이 보고되었다. 달 뒷면의 토륨 농축 지역인 콤프턴·벨코비치 토륨 이상 지역도 사방 30km 정도의 크기이다. 장소나 면적은 각 나라가 충분히 나눠 쓸 수 있을 정도이지만 광석의 비율이 충분할지는 향후의 조사를 기다려야 한다. 광석이 있다면 그런 광석이 많이 묻혀 있는 광맥과 같은 부분이 있다거나 광석의 비율이 높은 광상은 한정된 장소에만 존재하는 것으로 밝혀질 가능성도 있다. 이 자원에 관해서는 그 존재를 포함해 조금 더 탐사가 진행되기까지 판단을 미룰 수밖에 없다.

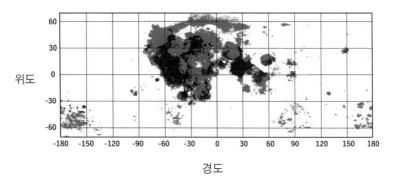

경도

〈그림 23〉 산화티탄 지도
달의 바다 지역의 현무암(옅은 회색) 중, 산화티탄이 5질량퍼센트 이상
함유되어 있는 장소(짙은 회색)를 보여준다. 달 궤도 탐사선 가구야의 데
이터를 바탕으로 작성. 중앙의 경도 0, 위도 0도가 달의 앞면의 중심

비경쟁 자원

그 밖의 자원은 시각을 다투지 않아도 달 곳곳에서 구할 수 있다.
철과 티탄은 티탄철석에서 얻을 수 있다. 철을 함유한 광물은 그
밖에도 많지만 티탄철석은 달의 광물 중에서는 비교적 적은 에너
지로 산소를 추출해낼 수 있어서 티탄철석이 주로 채굴될 것이다.
마찬가지로 산소를 생산하기 위한 광물로도 이용하기 쉽다. 또 태
양풍 기원의 수소도 티탄철석에 더 많은 양이 보존된다는 연구 자
료도 있다. 이 정도면 티탄철석에 대한 경쟁이 치열해질 법도 하지
만 달 곳곳에 충분히 있으니 안심해도 좋다.

티탄철석은 달의 바다를 형성하는 현무암에도 함유되어 있다.
현무암 용암에 따라 티탄철석이 함유된 비율은 장소에 따라 크게
달라진다. 〈그림 23〉은 현무암에 함유된 산화티탄(TiO_2)의 양을
나타낸 그림이다. 산화티탄이 5질량퍼센트보다 많이 함유된 부분

만 채굴한다고 해도 달의 바다 전체의 절반 정도가 된다. 급하게
독점할 필요는 없다.

제6장
달과 태양의
에너지를 활용하자

　달에서의 주된 에너지원은 태양광발전이며, 200년 후 주류가 되어 있을 에너지원 역시 태양광발전일 것이다. 하지만 중간 단계에서는 핵연료를 채굴해 사용해야 할지 모른다. 이번 장에서는 태양에너지와 핵에너지의 이용 방법과 각각의 특징에 대해 해설한다. 또 핵융합 기술의 실용화로 달에 풍부하게 존재하는 헬륨-3이 인류의 꿈의 에너지원이 될 가능성에 대해서도 소개한다.

태양에너지

달을 탐사·개발할 때 가장 먼저 의지하게 될 에너지원은 태양에너지이며, 먼 미래에 마지막으로 의지하게 될 에너지원 역시 태양에너지가 될 것이라고 생각한다. 이번 장을 읽으면 독자 여러분도 고개를 끄덕이게 될 것이다.

지구의 대기 표면에 수직으로 도달하는 태양에너지는 1㎡당 약 1,366W(와트)에 이른다. 이 수치를 태양 정수라고 부른다. 태양과의 거리는 달과 지구가 거의 같기 때문에 대기가 없는 달에는 태양에너지가 그대로 도달한다. 지구는 대기에 의해 산란·흡수되기 때문에 지표면에 도달하는 빛은 장소에 따라 다르기는 하지만 약 1,000W 정도로 줄어든다.

인류는 이 에너지를 얼마나 이용할 수 있을까. 먼저 지구의 경우를 생각해보자. 오늘날 가정용 태양전지의 에너지 변환 효율은 좋은 것이 20% 정도여서 먼저 이 비율을 곱해야 한다. 또 앞에서 말한 1㎡당 1,000W라는 수치는 태양이 수직 방향에 있을 때의 수치이다. 태양광이 비스듬히 입사하면 비치는 면적도 넓어지므로 1㎡당 도달하는 에너지는 줄어든다. 지붕에 태양전지 패널을 설치한 가정에서는 태양의 입사 각도를 신경 써서 설치했을 것이다.

지구에 도달하는 태양에너지를 최대한 활용하려면 태양전지에 태양광이 수직으로 입사되도록 태양전지 패널을 해바라기처럼 태양을 향하도록 설치하면 된다. 태양전지 패널을 해바라기 밭처럼 빽빽이 세우면 좋다고 생각하지만, 실제로는 태양의 높이가 낮을

$$(6370\times1000)^2\times3.14\times1000\times0.2≒2.5\times10^{16}W$$

태양전지 패널로 발전 가능한 전력량

때는 태양전지 패널의 그림자가 다른 패널에 드리우기 때문에 빽빽이 세워도 크게 의미가 없다.

최대한 그림자가 겹치지 않도록 적절한 간격을 두고 패널을 세우면, 지구의 지름과 같은 원반의 면적이 태양전지 패널을 최대한으로 설치했을 때 패널의 면적이 된다.

이때의 발전량을 생각해보자. 지구의 반지름은 약 6,370km이다. 지표에 도달하는 태양에너지는 $1m^2$당 약 1,000W, 태양전지 패널의 에너지 변환 효율을 20%라고 하면 발전량은 약 2.5의 10의 16제곱 W가 된다.

미 에너지정보국(EIA)에 따르면 2012년 전 세계 발전량은 약 21조5,600억kWh(킬로와트시)였으며 2040년에는 35조4,500억kWh가 될 것으로 예측했다.

앞에서 계산한 발전량의 단위인 1W는 1초간 1J(줄)의 일을 하는 에너지의 양이다. 1J의 일이라는 것은 약 100g의 물질, 예컨대 사과 따위를 지구의 중력과 반대 방향으로 1m 들어 올릴 수 있는 에너지의 양이라고 생각하면 된다.

한편 1Wh(와트시)는 소비전력 1W의 전기 제품을 1시간 동안 사용할 때의 전력량이라고 볼 수 있다. 태양전지의 발전량을 1년분의 Wh로 계산하려면 24시간과 365일을 곱하면 된다. 이것을 kWh로 환산하면 발전량은 약 2.23의 10의 17제곱 kWh가 된다. 1조는 10의 12제곱이므로 태양광발전이 가능한 양은 2040년의 예상 발전량과 비교해도 약 6,400년분에 이른다.

물론 지구 전체를 태양전지로 덮어버리면 농사도 짓지 못하기 때문에 무리한 가정이라고 생각하지만 6,400년분이라는 것은 반대로 지구 표면적의 6,400분의 1을 태양전지 발전에 사용하면 지구의 전력을 전부 충당할 수 있다는 말이 된다. 태양전지 패널의 효율이 좋아지면 발전 전력량도 늘어난다. 지구의 미래 에너지원은 태양전지가 될 것이 분명하다.

생각해보면 현재의 에너지원도 대부분 태양에너지이다. 석유나 석탄 혹은 천연가스의 대부분이 과거의 생물에 기원을 두고 있으며, 그 안에 저장된 에너지의 기원을 거슬러 올라가면 당시 먹이사슬의 밑바닥에 있던 식물이 광합성을 통해 태양에너지를 물질에 저장한 것이다. 인류는 철광석이라는 과거의 생명 활동의 유물로 현대 문명을 지탱해왔다는 이야기를 했는데 에너지원인 석유나 석탄 역시 과거의 생명 활동이 남긴 유물인 것이다.

현대 인류는 화석연료에 축적된 과거의 태양에너지를 100년 남짓한 짧은 기간에 한 번에 활용함으로써 빠르게 문명사회를 이룩할 수 있었다. 만약 여기서 인류가 멸망하고 지구에 다른 지적 생명체가 진화한다 해도 화석연료라는 자산을 전부 써버렸기 때문에 인류와 같은 문명사회를 구축하기는 쉽지 않을 것이다.

다른 행성에서 지적 생명체가 탄생한다고 해도 진화가 너무 빠르거나 지각 변동이 심해 화석연료가 축적되지 않은 행성이라면 인류와 같이 빠른 속도로 과학기술을 발달시킬 수 없을 것이다.

현대의 인류는 지구 역사상 가장 큰 혜택을 누리며 살고 있다. 그런 만큼 화석연료가 완전히 바닥나기 전에 태양전지의 발전 효율과 설치 기술을 향상시켜 태양전지로 에너지를 충당할 수 있는 문명으로 진화해야 한다. 이것은 현대 문명의 혜택을 누리며 살아가는 우리 세대의 책무이다.

다시 현대의 달에 대해 이야기해보자. 달에서는 태양광이 대기에 의해 산란·흡수되지 않아 지구의 지표보다 약 1.3배 많은 에너지의 태양광이 도달한다. 지구에서 화석연료를 가져가봤자 연료를 태우는 데 필요한 산소를 먼저 만들지 않으면 무용지물이어서 달 최초의 에너지원은 태양전지가 될 것이다.

지구의 미래 에너지원이 태양전지라고 했지만, 지구의 이용 가능한 토지는 전부 활용되고 있으며 바다에 태양광 패널을 설치하는 것도 쉬운 일이 아니다. 그런 이유로 달에 태양전지 패널을 설치하고, 거기서 생산된 전력을 전파 등으로 지구로 보내자는 아이디어도 있다.

달에서 열에너지가 필요할 때에는 거울로 태양광을 모아 발전하는 방식으로 태양전지보다 효율적으로 열에너지를 이용할 수 있다. 레골리스를 녹여서 블록을 만들거나 암석을 녹여 원소를 분리해낸 열원은 이 태양광로를 사용하게 될 것이다.

수소

  태양전지만 있으면 달의 에너지원은 충분하지 않을까 싶겠지만 그렇지 않다. 용도에 따라 사용이 편리한 형태가 있다. 그런 에너지원으로 소개하고 싶은 것이 바로 수소이다. 전기에너지와 달리 수소의 장점은 로켓의 연료가 된다는 점이다.

  우주 탐사에 대해 잘 아는 사람은 하야부사와 하야부사2를 전기 추진 로켓으로 알고 있을 것이다. 물론 전기 추진의 에너지원은 전기이지만 로켓이 추진하려면 물질을 뒤쪽으로 밀어내야 한다.

  예를 들어 바퀴 달린 사무용 의자에 앉아 농구공을 힘껏 던지면 공을 던진 사람은 의자째 공과 반대 방향으로 움직인다. 이를 작용 반작용의 법칙 혹은 운동량 보존의 법칙이라고도 하는데 중요한 것은 로켓은 질량이 있는 물질을 후방으로 빠르게 밀어내는 반동을 이용해 앞으로 나간다.

  하야부사의 전기 추진은 크세논 가스에 전자파를 쏘아 크세논 이온과 전자로 분해하고 양의 전기를 띤 크세논 이온을 고전압으로 가속해 후방으로 밀어냄으로써 로켓을 추진시킨다.

  수소를 로켓 연료로 쓸 경우 로켓이 추진하는 구조는 다음과 같다. 수소와 산소를 결합해 폭발시킴으로써 발생한 물 분자가 폭발의 에너지로 후방으로 빠르게 밀려난다. 그 반동으로 로켓이 추진

된다.

여담 삼아 사람들이 흔히 하는 오해를 풀어보려고 한다. 간혹 수소와 물을 모두 연료라고 생각하는 사람이 있다. 수소는 연료라고 할 수 있지만, 물은 생성물질로 에너지를 추출하기는 어렵다. 수소와 산소가 만나면 물과 에너지가 생성된다. 수소 분자와 산소 분자가 내부에 가지고 있는 에너지의 합이 그들이 반응해 생성된 물의 에너지보다 크기 때문에 여분의 에너지를 추출해낼 수 있는 것이다. 반대로 물을 수소와 산소로 분리하려면 외부에서 에너지를 가해야 한다. 물을 전기분해해 산소와 수소로 만들 수 있는 것은 전기에너지를 가했기 때문이다. 물의 전기분해는 물을 변화시켜 에너지를 저장하는 방식으로도 활용할 수 있다.

제3장에서 물이 로켓 연료로 이용된다는 이야기를 했는데 그것은 태양전지로 발전한 전력을 이용해 물을 전기분해하면 수소를 만들 수 있다는 의미이다. 즉, 로켓을 추진시키는 에너지는 본래 태양전지로 발전한 에너지다. 하지만 로켓은 물질을 빠르게 후방으로 밀어내면서 추진하기 때문에 로켓 연료는 수소의 형태여야 한다.

그렇다면 수소는 어디에서 얻을 수 있을까. 이미 소개했듯이 극지의 얼음을 전기분해하는 방법이 있다. 만일 극지에 얼음이 없다고 해도 수소를 얻는 방법이 있다. 달의 레골리스를 600℃ 정도로 가열하는 방법이다. 레골리스에 결합된 수소가 증발해 나오는 것이다.

이 수소는 태양에서 왔다. 태양으로부터 수소나 헬륨 등의 미립자가 초속 300~800km 속도로 날아온다. 이를 태양풍이라고 부른다.

태양풍으로 날아온 수소와 헬륨 원자가 달 표면의 광물과 충돌해 최대 0.2㎛가량 표면에 박힌다. 얕게 박힌 입자는 서서히 표면으로 배어나와 증발해버리지만 깊이 박힌 입자는 쉽게 나오지 못하고 계속 날아와 박히는 입자가 있기 때문에 광물 표면에는 늘 어느 정도의 태양풍 물질이 결합되어 있다.

광물 표면에 박힌 입자가 얼마나 오래 남아 있을 수 있으며, 광물에 따라 어느 정도 차이가 있을지 등은 앞으로의 연구 과제로 남아 있다. 다만 티탄철석에는 태양풍 성분이 비교적 오래 남기 쉬운 것으로 알려졌다.

수소의 장점은 석유처럼 고갈되는 자원이 아니라 태양으로부터 계속해서 새롭게 공급되는 지속 가능한 에너지원이라는 점이다. 미래에는 수 ㎢의 구획에서 수소를 채굴해 사용하다 바닥나면 다른 장소로 이동해 채굴하는, 유목과 같은 방식으로 운용하게 될 것이다. 실제로는 100년 단위로 방치해도 복구가 어려울 가능성이 있기에 인간의 시간 감각으로는 지속 가능한 에너지원이라고 말하기에는 무리일지도 모른다. 얼마나 시간이 흐르면 복구가 가능할지 등도 앞으로 연구되어야 할 과제이다.

달 개발 단계에서는 이 수소를 달에서 지구로 돌아올 때의 로켓 연료나 달에서 출발하는 화성 탐사 로켓의 연료로 활용하게 될 것이다.

헬륨-3

태양풍의 성분 중 또 하나의 중요한 에너지원이 있다. 바로 헬륨-3이다. 헬륨 가스라고 하면 헬륨 풍선을 떠올리는 사람도 있겠지만 그 안에는 든 것은 대부분 헬륨-4라는 물질이다. 헬륨이라는 물질명 뒤에 붙는 숫자는 원자핵을 구성하는 양자와 중성자의 수를 더한 수이다. 양자의 수로 원소의 이름이 결정된다. 양자가 1개면 수소, 양자가 2개면 헬륨, 양자가 3개면 리튬과 같은 식이다. 양자의 수를 원자번호라고도 한다.

한편 중성자는 같은 원자라도 다양한 수가 있을 수 있는데 천연에 존재하는 비율은 중성자의 수에 따라 크게 달라진다. 지구에 존재하는 헬륨은 대부분 헬륨-4(양자 2개와 중성자 2개)이며, 헬륨-3(양자 2개와 중성자 1개)은 헬륨-4의 100만분의 1 정도밖에 없다. 하지만 태양풍에는 헬륨-3이 0.014% 함유되어 있다. 미량이기는 하지만 지구에 비하면 100배 이상의 고농도로 함유되어 있다.

헬륨-3은 핵융합의 연료로 이용할 수 있을 것이다. 핵융합이란 원자와 원자를 융합시켜 다른 종류의 원자를 만드는 것으로, 그 과정에서 막대한 에너지를 얻을 수 있다. 수소폭탄을 만들 때도 핵융합에너지를 이용하며 태양도 핵융합으로 에너지를 만들어낸다.

헬륨-3을 이용한 핵융합의 구조는 제5장에서 설명했다. 원자력발전에 이용되는 핵분열 반응은 중성자를 발생시켜 그 중성자를 맞은 주변 물질을 방사성물질로 바꾸지만 헬륨-3을 이용한 핵융합은 중성자를 생성하지 않기 때문에 방사성 폐기물을 대량으로 만들지 않는다는 장점도 있다.

헬륨-3은 수소와 마찬가지 태양풍 물질로 레골리스 표면에 함유되어 있다. 달의 레골리스에서 추출한 헬륨-3을 우주왕복선 1대 분량(25톤)만 가져오면 미국 전체에서 사용하는 1년 치 에너지를 발전할 수 있다는 계산이다. 1kg당 1억 엔의 수송비용을 들여도 충분히 채산이 맞는 자원이다.

핵융합발전은 방사성 폐기물이 나오지 않는 꿈의 발전 방식으로, 원자력을 이용하기 시작한 제2차 세계대전 이후부터 줄곧 연구가 계속되었다. 하지만 아쉽게도 아직 실용화되지 못했다.

갑작스럽게 오랜 과제가 해결되면서 실용화되는 과학기술은 늘 존재한다. 상업적 이용이 가능한 핵융합발전 시설을 만들 계획이라는 소문도 들려오고 있다. 2018년 11월에는 중국이 핵융합 실험 장치로 핵융합 반응에 필요한 고온 플라즈마 내의 전자 온도를 1억 ℃까지 높였다는 뉴스도 있었다. 생각보다 가까운 장래에 상업적 이용이 가능하게 될지도 모를 일이다.

지구의 미래 에너지

　그렇다면 헬륨-3을 이용한 핵융합발전이 지구의 에너지원이 될 수 있을까. 앞에서도 이야기했지만 지구의 미래 에너지는 역시 태양에너지가 될 것이라고 생각한다.

　석유, 석탄, 천연가스 등의 화석연료는 유한한 자원이어서 고갈되기 전까지 태양에너지를 유효하게 이용하는 방법을 찾아내는 것이 현 인류의 책임이다. 화석연료는 에너지원으로 전부 태워버리지 말고 플라스틱이나 윤활유의 원료로 오래 쓸 수 있도록 남겨두는 것이 좋다.

　현재의 원자력발전에 사용되는 핵연료도 언젠가는 고갈되는 유한한 자원이다. 지금의 인류가 화석연료나 핵연료를 다 써버리기 전까지 태양에너지를 유효하게 사용할 수 있는 시스템으로 이행하지 못한다면 다음 세대의 인류에게 에너지 부족이라는 커다란 폐를 끼치게 될 것이다.

　핵연료는 미래에 중요한 쓰임새가 있다. 태양과의 거리가 멀어 태양전지만으로 충분한 에너지를 얻을 수 없는 목성이나 토성의 위성 혹은 더 먼 행성을 탐사하거나 개발할 때의 에너지원으로서의 용도이다. 이런 외행성 영역에서는 핵연료를 이용한 원자력전지가 필수가 될 것이다. 또한 거대 운석의 충돌이나 칼데라의 파국적 분화와 같은 대규모 화산 활동에 의해 오랫동안 지상에서 충분한 일조량을 얻지 못하는 상황이 닥칠지도 모른다. 그때는 핵연료가 인류 존속의 생명줄이 될 것이다.

〈그림 24〉 태양을 거대한 태양전지 구조물로 둘러싼 완전 다이슨 구
안이 보이도록 일부를 잘라냈다.

이번 장을 마무리하며 지구의 미래의 모습이 될지도 모를 다이
슨 구(Dyson sphere)라는 가설을 소개한다. 1960년 미국의 물리학자
프리먼 다이슨(Freeman John Dyson)이 제시한 이 가설은 고도로 발
달한 지구 밖의 문명이 항성이 발산하는 열과 빛을 활용하기 위해
항성 전체를 거대한 구형의 인공물로 감싸고 있을 것이라는 생각
이다. 이 구형의 인공물을 다이슨 구라고 부른다(그림 24). 이번 장
의 첫머리에서 지구에서 이용 가능한 태양에너지를 계산했는데 지
구에 도달하는 태양광뿐 아니라 태양에서 방출되는 에너지를 모두
이용한다는 발상이다.

다이슨 구는 외계 생명을 찾는 천문학자들 사이에서도 중요한 아
이디어가 되었다. 외계 행성을 발견하기 이전 시대에는 지구와 비
슷한 환경의 행성을 찾을 때 태양과 비슷한 항성을 향해 전파를 보
내거나 그 항성에서 들어오는 전파를 수신했다. 하지만 다이슨 구
를 건설할 정도의 문명을 가졌다면 지구에서 그들의 항성을 관측

하기 어렵고, 폐열에 의해 적외선 영역에서 어슴푸레 빛나는 다이슨 구만 보일 것이다.

　지금은 외계의 지적 생명체를 찾는 방법으로 이런 다이슨 구나 항성을 완전히 감싸지 않고 고리 모양 따위로 부분적으로 항성을 둘러싼 인공 구조물을 찾는 시도도 이루어지고 있다. 반대로 고도로 발달된 문명을 가진 외계 생명이 지구를 관측한다면 아직 부분적인 다이슨 구도 건설하지 못한 단계의 문명이라고 지레짐작할지도 모른다.

제7장
달에서의 식량 생산

    인류가 오랜 기간 달에 머물기 위해서는 현지에서 식량을 조달해야 한다. 2019년 1월 달의 뒷면에 착륙한 중국의 달 탐사선은 달에서의 식량 생산을 의식한 실험을 했다. 달에는 식량의 주요 성분인 탄소가 거의 없는 등 농업을 시작하기에 앞서 해결해야 할 문제가 산적해 있다. 이번 장에서는 양분, 방사선 등 해결이 필요한 과제를 꼽아보며 달과 화성에서의 식량에 대해 생각해보자.

창어 4호의 실험

2019년 1월 4일 중국의 달 착륙 탐사선 창어(嫦娥) 4호가 달에 착
륙했다. 중국은 2013년 이미 창어 3호로 구소련, 미국에 이어 세 번
째로 달 착륙에 성공했지만 2019년은 달의 뒷면에 착륙하는 세계
최초의 큰 성과를 거두었다. 중국은 달 개발에 열의를 보이며 착실
하고 꾸준하게 앞으로 나아가고 있다. 그런 창어 4호에는 재미있는
실험장치가 실려 있었다. 생물과학 보급시험 페이로드박스라고 불
리는 생물 실험장치이다.

중국의 과학기술 뉴스 사이트 〈사이언스 포털 차이나〉에 따르면,
이 페이로드박스는 특수한 알루미늄 합금으로 만든 지름 173mm,
높이 198.3mm의 상자라고 한다. 내부에는 6종의 생물 외에도 18
㎖의 물, 토양, 공기, 기온 조절장치, 생물의 성장 상황을 기록하는
2대의 카메라가 설치되어 있으며 총 중량은 2.608kg, 생물의 성장
공간은 1ℓ 전후라고 한다.

2017년 중국『인민일보』의 보도에 따르면 탑재된 생물은 누에나
방과 감자 그리고 애기장대라고 하는데 2019년 1월 앞서 언급한 뉴
스 사이트에서는 면화, 유채, 감자, 애기장대, 효모, 초파리 알 등 6
종의 생물이 탑재된 것으로 나왔다.

이후 면화의 발아에 성공했지만 결국 시들고 말았다는 뉴스가 전
해졌다. 밤의 기온 저하를 원인으로 보도하는 뉴스가 많았지만 실
제로는 1월 18일 CNN 뉴스에서 생물 실험을 주도한 충칭대학교의
셰경신(謝更新) 교수의 '온도 관리를 하고 있지만 오전 10시 반 현재

기온이 30℃가 넘었다. 이런 온도에서 대부분의 식물은 싹을 틔울 수 없다'는 설명이 그 진상일 것이다. 탐사선을 따뜻하게 데우는 것은 전력만 있으면 간단하지만 차게 식히는 것은 열을 다른 곳으로 빼내야 하기 때문에 쉽지 않다. 내 억측이기는 하지만 어쩌면 설계 단계에서 온도가 그렇게까지 올라갈 것을 예측하지 못하고 본격적인 냉각장치를 탑재하지 않은 것은 아니었을까.

실험은 100일간 계속될 예정이었지만 아쉽게도 초기 단계에서 끝나고 말았다. 하지만 탑재된 생물군을 보면 중국이 달에서 농업을 시도했다는 것을 알 수 있다.

애기장대라는 식물이 낯설 수 있지만 유전체 크기가 작아 식물 중 최초로 유전체의 염기 서열이 완전하게 밝혀진 귀한 연구 재료이다. 초파리 역시 세대 간의 유전자 정보 전달 연구에 많이 쓰인다. 이들을 통해 생물에 대한 방사선의 영향을 조사하는 기초 연구를 진행했을 가능성이 높다. 마찬가지로 유채나 면화도 유전체 연구에 주로 쓰인다는 이유에서 선택되었을 것이다.

우주에서 면화 재배를 시도한 것은 화성 이주와 같은 먼 미래를 내다본 연구였다는 말이다. 감자는 우주에서의 식용작물 재배를 의식한 듯하다. 영화 〈마션〉에서도 비교적 쉽게 키워 영양원으로 활용하기 좋은 식물로 감자가 등장한다.

달 착륙선에 탑재할 생물을 선택하는 과정에서 초파리와 교체된 듯 보이는 누에나방은 우주에서 키우게 될 중요한 곤충이다. 누에나방은 인류가 수백 년에 걸친 품종 개량으로 좁은 장소에서도 사육할 수 있고 질 좋은 명주실을 뽑아낼 수 있게 되었다. 나방이 된 후에도 제대로 날지 못하기 때문에 야생종과 교잡할 우려가 없어 지금은 유전자 재조합 연구 등에 많이 쓰인다. 식용으로서 영양가도 풍부하기 때문에 우주에서는 식량뿐 아니라 명주실 제조와 유전자 재조합 기술을 이용한 생체 합성물질 제조의 세 가지 역할을 맡게 될 생물로 사육될 것이다.

식량에 필요한 원소

달 기지 건설 초기에는 지구에서 가져간 식량으로 생활하게 될 것이다. 하지만 운송비용을 생각하면 빠른 시일 내에 어느 정도 자급자족이 가능한 시스템을 갖추어야 한다. 또 인간이 호흡할 때 발생하는 이산화탄소나 배설물을 재활용하기 위해서도 농업을 시작해야 한다.

달에서의 농업은 우선 원소 문제부터 짚어볼 필요가 있다. 동식물의 원재료가 되는 원소는 산소(O), 탄소(C), 수소(H), 질소(N), 칼슘(Ca), 인(P) 정도를 주요 성분으로 꼽을 수 있다. 그 밖에도 생명 활동에 필수적인 원소가 있지만 적은 양으로 해결된다면 운송비용을 따지지 않고 지구에서 가져오면 되기 때문에 여기서는 주요 구성 원소만 생각하기로 하자.

산소는 제4장에서 소개했듯이 달의 암석을 구성하는 주요 원소이다. 수소 역시 태양풍의 입자로 달에 축적된다는 이야기를 제3장에서 한 바 있다. 이제 탄소와 질소를 해결할 차례이다. 탄소와 질소는 대기가 있는 행성에 풍부하게 존재한다. 예를 들어 화성의 대기는 95%가 이산화탄소이며 질소도 3% 정도 있다. 금성 대기의 이산화탄소와 질소의 비율도 화성과 거의 비슷하다. 하지만 달은 거대 운석 충돌로 말미암은 가열 혹은 마그마의 바다 시대의 증발로 마그마가 굳어질 때 생긴 광물에 쌓이기 어려운 탄소와 질소 등은 우주로 날아갔을 것으로 생각된다.

달 표면의 암석에는 탄소가 함유되어 있지 않기 때문에 지구에서 가져가야 할 것이다. 하지만 달에서 발견될 가능성도 있다. 바로 운석이다. 하야부사2가 탐사한 류구는 탄소가 많이 함유된 소행성일 것으로 추정되며, 비슷한 화학 조성을 가진 소행성에서 지구로 날아온 것으로 보이는 운석이 탄소질 운석이었다. 탄소질 운석은 지구뿐 아니라 달에도 떨어질 것이다. 충돌 시 발생한 열로 증발해 버리는 경우도 있겠지만 일부가 남아 땅속에 박혀 있을 가능성도 있다. 그것을 채굴해 탄소 자원으로 이용할 수 있을지 모른다.

혹은 탄소를 많이 함유하고 있는 소행성을 달 근처까지 끌어와 탄소의 공급원으로 사용하는 방법도 있다. 탄소 함유량이 많을 경우 철강의 원재료로도 이용할 수 있다.

반면에 질소를 구하는 것은 쉽지 않다. 질소가 비교적 많이 함유된 탄소질 운석이라도 미량에 불과하다. 비료로 쓸 질소는 지구에서 가져오는 수밖에 없을 듯하다.

칼슘은 달의 광물에도 함유되어 있어서 현지 조달이 가능하다.

인은 구하기 어렵다. 인은 지구에도 그리 풍부하지 않은 원소인데 신기하게도 생명 활동에는 대량의 인이 필요하다. 인은 운석에 미량 함유되어 있지만, 이것도 지구에서 가져가는 편이 효율적이다.

농업 생산이 궤도에 오른 후에는 재사용 체계만 잘 갖추어지면 인구가 늘지 않는 한 새롭게 생명 필수 원소를 보충할 필요는 없어진다. 달 기지 전체로 보면 각 원소의 원자의 총 수는 달 기지에서 새어나가지 않는 한 일정하다. 인간의 배설물을 모아 식물을 키우고 그 식물로 동물을 길러 인간의 식량으로 삼는 재사용 체계를 구축하면 새로운 물질을 추가하지 않고도 완전한 자급자족을 실현할 수 있다. 인간이 내뱉은 이산화탄소도 식물이 산소로 바꿔준다. 다만 최초의 재사용 체계를 만들기 위한 동식물의 원재료만큼은 달 기지에 모아야 한다.

물론 배설물을 전부 식량으로 바꾸려면 어떤 동식물을 조합해야 할지 등의 연구도 중요하다.

최초의 메뉴는 곤충식?

우주에서는 곤충식이 당연해질 것으로 생각한다. 사실 우주뿐 아니라 지구에서도 더 적극적으로 곤충식을 활용할 필요가 있을지 모른다.

유엔 식량농업기구(FAO)의 자료에 따르면 곤충식의 장점은 육류 생산량에 비해 사료량이 적게 든다는 점이다. 예컨대 소고기 1kg

을 생산하는 데 드는 사료가 8kg인 데 비해 곤충은 2kg이면 된다. 또 곤충 사육은 물이나 장소에 크게 구애되지 않는다는 점도 큰 장점이다.

이런 점은 우주뿐 아니라 미래의 지구에도 큰 장점으로 작용한다. 지구온난화나 빙하기 혹은 대규모 화산 활동이나 운석 충돌 등에 의한 기후 변동으로 농업 생산량이 격감하는 시기가 올 수 있다. 그런 시기에 인류를 구하는 것은 곤충식일지 모른다.

나도 메뚜기 조림 같은 건 맛있게 먹지만 다른 곤충에 도전할 만큼의 용기는 아직 없다. 곤충식에 흥미가 생겨 관련 도서를 여러 권 읽어보았는데 곤충 요리 사진을 보다 보면 어쩐지 속이 거북해진다. 사실 우리가 익숙하게 먹는 새우나 게 혹은 멸치 따위도 자세히 보면 꽤 거북한 형태이다. 요는 익숙함의 문제라는 것이다.

한편 단백질원을 곤충식으로 해결하기에는 무리가 있다. 문제는 알레르기이다. 성인도 갑작스럽게 특정 물질 또는 음식에 알레르기 반응을 일으키는 경우가 있다. 갑작스러운 소고기 알레르기 혹은 곤충육 알레르기가 나타날 가능성도 있다. 지구 궤도 위성이나 짧은 기간의 달 여행이라면, 특정 음식을 먹지 못하게 되더라도 어떻게든 지구로 돌아올 수 있을 것이다. 하지만 달에서 오랫동안 머물거나 화성으로 이주한다면 어떨까. 단백질원을 곤충에 의존하다 화성에 이주한 후 곤충 알레르기가 생기는 경우에는 생명까지 위태로울 수 있다. 식재료의 다양성은 미식을 위해서라기보다 알레르기 증상의 대책으로서 반드시 고려해야 할 문제이다.

최근에는 동물의 세포를 직접 배양해 만든 배양육 연구도 활발히 진행되고 있다. 단기간에 음식의 다양성을 달성하는 방법으로서 향후의 개발 동향에 주목하고 있다.

달에서의 농업

달의 농장은 어떤 모습일까. 공기가 없으니 노지 재배는 불가능하다. 미래 상상도에 나올 법한 유리 재질의 돔 구조로 덮으면 가능하지 않을까 싶지만 그것만으로 해결되지 않는 문제가 있다.

프롤로그에서도 이야기했듯이 달의 낮과 밤은 지구 시간으로 2주간 지속된다. 예외도 있을 수 있지만 대부분의 식물은 매일 태양광을 쪼일 필요가 있다. 태양광이 없는 동안에는 LED 광선 등 조명의 빛을 이용해 식물을 키워야 한다.

또 달의 앞면은 낮 동안의 지표 온도가 영상 120℃, 밤에는 영하 170℃에 이른다. 온도를 일정하게 유지하기 위해서는 단열 효과가 있는 벽이 도움이 된다. 따라서 투명 돔보다는 두껍고 단열성이 높은 벽으로 둘러싸인 공간에서 재배될 것이다.

또 한 가지 커다란 문제는 우주 방사선이다. 지구에는 자기장과 두꺼운 대기층 덕분에 우주에서 날아오는 방사선이 거의 지표에 도달하지 못하지만, 달에는 자기장이나 대기층이 없어 강한 방사선을 그대로 쪼이게 된다. 강한 방사선은 지구의 모든 생명에 피해를 주기 때문에 철저히 가리거나 막아야 한다. 우주 방사선을 막기 위해서는 달의 레골리스로 만든 두께 수 m 이상의 벽을 세워야 할 것이다.

이런 이유로 달에서는 두꺼운 벽으로 둘러싸인 기지 내부에서 인공조명을 이용한 농업을 하게 될 듯하다. 제5장에서 이야기한 수혈 내부에 있을지 모르는 용암 터널은 우주 방사선을 막을 수 있을 뿐 아니라 온도 변화가 적다는 점에서도 농장을 짓기에 안성맞춤인 장소이다.

제8장
태양계 진출의 교두보

일본은 미국, 러시아, 유럽 각국과 공동으로 2025년부터 달 궤도를 운행하는 국제 우주정거장의 건설 및 운용 사업을 계획하고 있다. 그리고 그곳을 거점 삼아 달 기지, 달의 얼음 굴착 시설, 로켓 연료 제조공장을 건설할 예정이다. 또 달에서 얻을 수 있는 연료를 이용해 한 발 더 나아간 달 개발, 화성 개발에 박차를 가할 계획이다. 한편 중국은 독자적인 전략으로 꾸준히 우주 개발을 진행하고 있다. 앞으로 달 주변에서 더 나아가 우주에서 펼쳐질 상황을 함께 살펴보자.

달 탐사·개발 계획 - 중국의 상황

최근 달 개발에 적극적으로 뛰어들고 있는 나라는 중국이다. 중국은 2007년, 2010년에 달 궤도 위성 창어 1와 2호를 쏘아 올렸다. 계속해서 2013년에는 창어 3호를 발사해 구소련, 미국에 이어 달에 연착륙시킨 세 번째 나라가 되었다. 또한 창어 3호에 탑재된 탐사차 위투(玉兎)는 달에서 최장 기간 활동한 탐사차라는 기록을 세웠다. 창어 4호는 2019년 1월에 세계 최초로 달의 뒷면에 연착륙하는 데 성공했다.

달의 뒷면은 지구에서는 보이지 않기 때문에 지구에서 직접 탐사선에 전파를 보낼 수 없다. 그런 이유로 중국은 창어 4호를 발사하기 전인 2018년에 통신 중계 위성 췌차오(鵲橋)를 쏘아 올렸다. 췌차오는 달의 뒷면 상공에 있는 지구와 달의 중력이 평형을 이루어 오랫동안 안정적으로 우주 공간에 머물 수 있는 라그랑주 포인트-2를 중심으로 돌면서 지구와 달의 뒷면 간의 통신을 중계한다.

달 궤도 위성인 창어 1·2호, 달 착륙선 창어 3·4호와 같이 중국은 탐사선을 2대씩 함께 개발하고 있다. 짝수 로켓은 예비용으로 개발하고, 홀수 로켓이 성공하면 더욱 도전적인 목표를 설정해 탐사를 실시한다. 매우 견실한 개발 계획이라고 할 수 있다. 계속해서 췌차오와 같은 중계 위성을 발사해 기반시설을 갖추거나 2014년에는 지구로 귀환하는 샘플 리턴 계획을 위해 달 궤도를 돌며 아무것도 채집하지 않은 빈 캡슐을 지구로 귀환시키는 작업만 수행하는 연습 로켓 창어 5호도 발사했다. 중국은 단지 선전용이 아니라 진심으로 달 탐사·개발 기술을 손에 넣기 위해 적극적으로 달 개발에 임하고 있다.

간혹 중국이 독자적인 노선으로 폭주하고 있는 듯 보도하는 뉴스도 있지만 오히려 중국은 여러 나라와 협력해, 미국이 국제 우주정거장으로 우주 국제 질서의 중심이 되었듯 중국을 중심으로 한 우주 국제 질서를 확립하려는 듯 보인다. 예컨대 창어 4호에는 네덜란드, 독일, 스웨덴, 사우디아라비아에서 만든 관측기기가 탑재되었으며 앞으로도 외국의 관측기기를 도입할 방침이라고 한다. 또 달의 뒷면과 통신이 가능한 중계 위성 췌차오도 향후 5년 정도 운영할 예정이며, 다른 나라의 달의 뒷면 탐사에도 협력할 수 있다는 의사를 표명했다.

중국은 2019년 창어 5호를 달의 앞면에 있는 화산 지대에 착륙시켜 샘플 리턴을 수행할 계획이다(창어 5호는 2020년 12월 달 표면 토양과 암석 샘플을 싣고 중국 네이멍구자치구 초원에 착륙했다-역주). 그리고 2023년부터 2024년경에는 창어 6호가 달의 남극에서 샘플 자료를 싣고 돌아오는 작업을 수행할 것이라고 한다. 중국은 향후 10년 이내에 달의 남극에 연구용 달 기지를 건설할 예정이라고 발표했다. 중국은 풍부한 예산과 인재를 투입함으로써 창어 계획을 기술적으로 착실히 진전시키고 있을 뿐 아니라 탐사 목적 면에서는 세계의 정세를 살피며 유연하게 진행하고 있다. 미국의 동향에 따라 유인 탐사를 앞당길 가능성도 충분할 것으로 보인다.

미국의 상황

중국이 급속한 달 탐사·개발을 진행하는 동안 아폴로 계획으로 인류를 달에 보낸 미국은 무엇을 하고 있었을까. 달 탐사에서 손을 뗀 것처럼 보일지 모르지만 무인 탐사로 꾸준한 성과를 거두고 있던 것은 미국이다. 1994년의 클레멘타인, 1998년의 루나 프로스펙터는 달 궤도를 운행하며 달의 전체적인 모습을 관측해 아폴로 계획 당시 탐사한 장소 이외에도 흥미로운 곳이 많이 남아 있다는 것을 전 세계 연구자들에게 알렸다. 두 탐사 계획 덕분에 다수의 연구자들이 달 과학 분야로 돌아왔다. 남극 에이트켄 분지라고 불리는 달 뒷면의 초거대 분지가 새로운 지질 지역으로 주목을 모으고 달의 얼음 자원에 대한 논의가 현실성을 띠게 된 것도 이 무렵부터이다.

오바마 정권 당시 미국은 달과 화성에 유인 탐사선을 보내는 일에 관심을 보이지 않았지만 그동안에도 계속해서 특색 있는 무인 탐사선을 보냈다.

2009년에 쏘아 올린 루나 리커니슨스 오비터는 본래 부시 정권 시절 유인 달 탐사를 목적으로 기획되었기 때문에 유인 탐사 준비에 도움을 줄 최고 50cm의 높은 해상도를 지닌 카메라를 탑재했다. 이 카메라로 아폴로 착륙 흔적을 촬영해 '아폴로 계획은 허구'였다는 음모론에 종지부를 찍었으며, 일본의 달 탐사선 가구야가 발견한 수혈의 더 자세한 사진을 촬영하거나 각국의 달 탐사 활동을 지원하는 관측을 수행하기도 하고, 장래의 달 착륙 계획 시 착륙 지점의 상세한 사진을 촬영하는 등 크게 활약하고 있다.

또 동시에 발사된 엘크로스는 분리한 로켓을 달 남극의 카베우스 크레이터에 충돌시켜서 일어난 먼지를 관측함으로써 물이 함유되어 있다는 것을 확인했다.

2011년 쏘아 올린 그레일(Grail)은 달의 중력 분포를 조사하는 위성이다. 바로 직전인 2007년 발사된 일본의 가구야가 세계에서 가장 상세한 중력 분포를 관측해 데이터를 공개한 바 있으나 그레일은 그것을 뛰어넘는 정확도를 지닌 데이터를 내놓아 가구야의 중력 분포 데이터를 완전히 다시 썼다. NASA는 종종 이런 식의 탐사로 승부욕을 내보일 때가 있다. 소행성 탐사선 오시리스·렉스(OSIRIS-REx)도 하야부사나 하야부사2에 승부욕을 불태우며 수행한 탐사가 분명하지만 이 경우는 목적지가 다르기 때문에 각각의 데이터가 존재한다.

2013년에 쏘아 올린 라디(LADEE)는 달 상공에 있는 미량의 대기 성분이나 먼지를 관측하기 위한 위성이다. 이 위성이 약 반년 동안 관측한 데이터를 분석한 무척 흥미로운 논문이 2019년 4월 발표되었다. 운석이 낙하하는 순간 달의 지하에서 수증기가 피어오르는 것이 관측되면서 극역뿐 아니라 달 어디에서나 표면을 8cm 이상 파면 최대 0.05% 농도의 물이 부착되어 있다는 것이었다. 이런 운석군이 낙하할 때 피어오른 수증기가 극역에 있는 영구 음영 지역에 얼어붙어 있을 것이라는 기대가 더욱 커졌다.

트럼프 정권이 들어서면서 중국의 대약진이 영향을 미쳤는지 유인 달·화성 탐사 재개 바람이 불었다. 아쉽게도 우주왕복선을 대신할 차세대 대형 유인 로켓 오리온(Orion)의 개발은 늦춰졌지만 2018년 2월 미국은 달 궤도에 국제 우주정거장을 대신할 우주정거장 건설 계획을 예산교서를 통해 발표했다. 그리고 이 우주정거장에서 우주 비행사를 직접 달에 착륙시킬 계획이다. 이 계획에는 유럽, 러시아, 캐나다 그리고 일본도 참가할 예정이다.

그런데 2019년 5월 미국은 유인 달 탐사 계획을 앞당겨 2024년까지 수행할 것이며, 그 예산을 확보하기 위해 새로운 우주정거장 계획은 축소한다고 발표했다. 최근 2년 사이 여러 차례 바뀌는 미국의 달 탐사 계획 방침은 중국의 동향을 의식한 것이 분명해 보인다.

일본의 상황

일본에도 달 탐사·개발 바람이 불고 있다. 2007년에 쏘아 올린 JAXA의 대형 달 궤도 탐사선 가구야는 일본에서 달 과학 연구자를 다수 육성하는 계기가 되었다. 그 후 JAXA는 2022년 발사 예정인 소형 달 착륙선 SLIM으로 오래간만에 달 탐사에 나설 계획이다. SLIM은 일본 최초로 중력이 강한 천체에 연착륙할 예정이다. 더 나아가 사진 조합 기술을 이용해 SLIM의 컴퓨터에 저장된 지도와 달의 실제 모습을 비교하며 100m 오차로 착륙 지점에 자동 착륙하는 도전도 시도한다. 나는 SLIM에 탑재될 소형 분광 카메라를 개발하고 있다. 달의 맨틀 물질이 드러나 있을 것으로 추정되는 장소에 SLIM을 착륙시켜 광물의 색을 분석함으로써 맨틀 물질의 화학 조성을 밝혀낸다는 계획이다.

SLIM에 이어 인도와 일본이 공동으로 달 남극에 있는 영구 음영 지역의 얼음의 존재를 확인하는 탐사 계획도 검토가 시작되었다. 순조롭게 진행된다면 2023년쯤 발사될 예정이다. 나는 이 계획에도 레골리스에 달라붙은 미량의 얼음을 적외선을 이용해 검출하는 장치를 제안했다. 탐사선에 탑재될 기기를 선정하는 과정은 이제 시작이기 때문에 내 제안이 채택될지는 아직 알 수 없다.

한편 JAXA에서는 헤라클레스라고 명명한 탐사 계획도 기획 중이다. 헤라클레스는 유인 달 탐사 계획의 준비 단계로서, 유럽우주기구(ESA)와 캐나다 우주국(CSA) 그리고 JAXA가 공동으로 추진하는 계획이다. 지구에서 아리안-6라는 유럽우주기구의 로켓으로 쏘아 올리면 JAXA가 맡은 착륙선으로 달에 착륙해 캐나다 우주국의 탐사차로 탐사 및 샘플 채집 활동을 수행한 후 유럽우주기구가 담당한 이륙기로 달 궤도의 새로운 국제 우주정거장 루나 게이트웨이로 샘플을 운반한다. 그 샘플은 우주 비행사가 루나 게이트웨이에서 지구로 돌아올 때 가지고 돌아온다는 계획이다. 다만 미국의 루나 게이트웨이 축소 방침의 영향으로 계획이 수정될 가능성이 있다.

그 후에도 JAXA는 달의 극역에 얼음 채굴 기지를 건설해 얼음을 이용하여 연료를 생산하는 설비를 갖추고 달에서 지구로 귀환하거

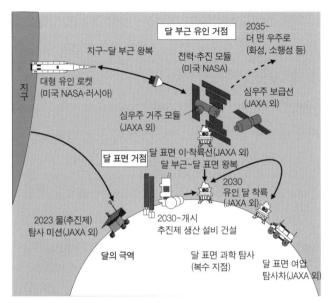

에 포함된 레이블:

달 부근 유인 거점

지구~달 부근 왕복

전력·추진 모듈
(미국 NASA)

2035~
더 먼 우주로
(화성, 소행성 등)

대형 유인 로켓
(미국 NASA·러시아)

지구

심우주 거주 모듈
(JAXA 외)

심우주 보급선
(JAXA 외)

달 표면 거점

달 표면 이·착륙선(JAXA 외)
달 부근~달 표면 왕복

2030
유인 달 착륙
(JAXA 외)

2023 물(추진제)
탐사 미션(JAXA 외)

2030~개시
추진제 생산 설비 건설

달의 극역

달 표면 과학 탐사
(복수 지점)

달 표면 여압
탐사차(JAXA 외)

〈그림 25〉 달 궤도 국제 우주정거장을 중심으로 한 개발 구상도
(JAXA의 자료를 바탕으로 작성했다.)

나 달에서 화성으로 갈 때 필요한 연료를 조달한다는 구상을 가지고 있다(그림 25). 2024년 국제 우주정거장은 현재의 운용 형태를 마칠 예정이다. 민간 기업이 인수할지, 아니면 그대로 기능을 정지할 것인지는 아직 결정되지 않았다. 지금까지 유인 우주 활동을 지탱해온 많은 인재들과 그동안 축적되어온 노하우를 활용하기 위한 새로운 미래상이 달 궤도에 건설 예정인 국제 우주정거장과 달에 짓게 될 연료 공장이다.

일본에서는 JAXA뿐 아니라 민간 기업인 아이스페이스(ispace)사도 2021년과 2023년 달 착륙 탐사선을 쏘아 올리기 위해 준비 중이다. JAXA의 SLIM보다 먼저 달 표면 연착륙에 성공할 가능성도 있다. 민간 기업의 달 탐사 계획에 관해서는 마지막 장에서 자세히 다룰 생각이다.

그 밖의 나라의 상황

인도는 우주 탐사의 선진국이다. 2014년 인도의 화성 탐사선이 화성 궤도 진입에 성공했다. 달 착륙 탐사에도 힘을 쏟으며 2008년에는 달 궤도 탐사선 찬드라얀 1(Chandrayaan-1)호를 쏘아 올려 기술력을 보여주었다. 그리고 2019년 7월 찬드라얀 2호를 발사해 세계에서 네 번째로 달 연착륙에 도전한다. 달 착륙에 성공할지는 이 책을 쓰고 있는 지금 시점에서는 알 수 없지만 성공을 기원하는 바이다(2019년 7월 발사된 찬드라얀 2호는 달 궤도 진입에는 성공했으나 착륙선 비크람의 달 표면 연착륙에는 실패했다-역주). 또 앞서 이야기한 일본과 공동으로 추진하는 달 극역 탐사 계획도 착실히 진행 중이다.

러시아는 본래 시리즈로 무인 달 탐사를 기획했다. 다른 나라와 마찬가지로 극역의 얼음 자원을 의식한 탐사 계획이나 유인 기지를 목표로 한 계획을 발표했지만 현재 진행 과정은 정보가 없어 알 수 없는 상황이다. 중국의 창어 계획 초기에 기술 협력을 통해 큰 공헌을 한 것으로 알려졌으며, 현재 국제 우주정거장에 우주 비행사를 보내는 유일한 로켓인 소유즈호를 운용하는 나라인 만큼 본격적으로 나선다면 미국에 필적하는 성과를 보여줄 것이다. 최근 동향으로는 달 궤도 우주정거장 건설 계획에 참가를 표명했지만 미국의 방침 변경으로 미래가 불투명한 상황이다.

어쨌든 앞서 소개한 중국, 미국, 일본을 포함한 세계의 달 탐사·개발 계획은 최근 2년 남짓한 사이 놀라울 만큼 빠른 속도로 입안과 수정이 이어지고 있다. 이 책을 출간한 이후에도 반년 이내에 새로운 탐사 계획이 추진될 가능성이 충분할 정도로 거센 움직임이 나타나고 있다.

그런 시기인 만큼 정보를 얻기 좋은 곳을 하나 소개하려고 한다. 일본 문부과학성의 우주개발이용부회 '국제 우주정거장·국제 우주 탐사 소위원회'의 웹사이트이다(http://www.mext.go.jp/b_menu/shingi/giyutu/giyutu2/071/index.htm).

우주 탐사를 기획할 때 대다수 정보가 대외비로 분류되지만 이 회의에서 공개되는 날부터 대외비에서 해제되는 경우가 많다. 즉, 이 회의 자료에는 일본의 가장 새로운 탐사 정보가 실린다고 볼 수 있다. 일본의 우주 탐사에 관한 신문 보도의 발신원도 이 회의에 출석하는 신문기자인 경우가 많다. 또 이 회의에는 종종 각 나라의 탐사 활동 상황을 이해하기 쉽게 정리한 연대표가 제출되기도 한다. 이 자료는 JAXA의 직원이 외국의 우주기구에서 수집한 최신 정보를 정리해 만든 것이다. 이 연대표를 확인하면 각국의 우주 탐사·개발 계획에 대한 최신 정보를 확인할 수 있다.

달 과학의 동향

이번에는 지금의 달 탐사 경향을 정리해보자. 가까운 장래의 달 탐사 계획은 주로 (a) 얼음 탐사, (b) 화산 지역 탐사, (c) 남극 에이트켄 분지 탐사로 크게 나뉜다. 모두 아폴로 계획 당시의 지질 지역이다.

(a)는 제3장에서 이야기한 수자원 탐사이다. 일본과 인도가 공동으로 달 착륙 탐사를 계획하고 있다고 소개했는데 러시아와 중국도 착륙 및 샘플 리턴 계획을 목표로 하고 있다. 미국에서는 예산 확보가 쉽지 않은 상황이지만 달 극역 탐사는 항상 후보에 오른다. 수자원 탐사에만 의의를 두지 않고 대기가 없는 천체의 표면에서 물이나 태양풍 물질이 어떻게 이동하는지 등도 과학적으로 대단히 흥미로운 문제이다.

(b)와 관련해서는 중국의 창어 5호가 폭풍의 대양 북부의 화산 돔 지형 혹은 그 주변에서 샘플 리턴을 계획 중이다(창어 5호는 2020년 12월 샘플 리턴에 성공했다-역주). 지금까지의 탐사는 착륙이 용이한 바다 지역의 평원이 다수였으나 달의 화산을 직접 탐사하고 싶은 연구자가 많다. 지구의 화산은 마그마에 함유된 수증기가 분출하면서 화산 폭발을 일으키는데 애초에 물이 없을 것으로 여겨지던 달의 화산이 폭발하는 원인은 무엇일까. 과거에는 일산화탄소가 아닐까 추정했지만 최근에는 달의 맨틀에도 지구의 맨틀과 비슷한 정도의 물이 함유되어 있을 가능성을 보여주는 아폴로 계획 당시의 시료를 분석한 데이터가 나오는 등 달의 화산에 대한 궁금증이

점점 커지고 있다.

(c)는 달 뒷면의 남극 지방에 있는 거대 운석 충돌로 형성된 분지이다. 달의 앞면은 거대 운석 충돌의 흔적을 용암이 덮어 바다와 같은 지형을 형성했지만 달 뒷면의 거대 충돌 분지인 남극 에이트켄 분지는 용암에 덮이지 않았다. 이 지역을 탐사함으로써 달의 앞면과 뒷면이 형성된 방식과 그 차이점 그리고 달의 지각 아래에 어떤 암석층이 존재하는지와 같은 수수께끼를 풀어낼 수 있을 것으로 생각한다. 2019년 1월 중국의 창어 4호가 이 지역에 착륙했다. 5월에는 과학 전문 학술지 〈네이처〉에 맨틀 물질 후보를 발견했다는 속보가 실렸지만 저자들도 인정하듯 맨틀 물질이 아니라는 해석도 가능하다. 물질에 함유된 감람석의 화학 조성도 맨틀 물질로 보기에는 철분이 너무 많기 때문에 많은 달 연구자들이 의문을 품고 있다. 하지만 탐사와 데이터 분석이 계속되고 있기 때문에 앞으로 어떤 탐사 자료가 나올지 기대가 크다. 2019년 7월 발사된 인도의 찬드라얀 2호도 달의 뒷면에 착륙할 예정이라는 정보가 있었지만 현재는 달 앞면의 남극 부근(위도 70°)으로 변경된 듯하다(실제로도 이 지점이 착륙 목표 지점이었다-역주).

참고로 어느 지역이든 최초의 탐사 계획에 관심이 집중되기 마련이지만 어느 지역이나 지역 내의 다양성이 존재하기 때문에 한 번의 탐사로 해명이 가능할 것으로 생각해선 안 된다. 달 뒷면의 고지도 달의 앞면과 뒷면의 지각 차이를 검증하기 위한 중요한 지질 지역이지만 다른 지역에 비해 다소 평범한 인상 때문인지 아니면 착륙 난이도가 높은 고지이기 때문인지 기피하는 경향이 있다. 하지만 각 지역을 선점한 탐사선들의 활동이 궤도에 오를 즈음에는 당연히 주목해야 할 지역이다.

지름 100km 남짓한 크레이터 중앙에 솟아 있는 중앙봉 탐사도 중요하다. 중앙봉에는 운석 충돌에 대한 반동으로 지하 30km 정도 깊이에서 지표로 솟구쳐 오른 물질이 존재할 것으로 추정되기 때문이다. 이 장소는 '가구야' 다음으로 기획되었던 SELENE-B라는 달 착륙 탐사 계획의 후보 지점이기도 했다. 탐사차의 오프로드 주행 성능의 문제인지 아니면 2,000m급의 중앙봉 근처에 착륙해야 하는 어려움 때문인지 유럽이나 미국에서는 주목도가 낮은 지역이다.

화성 탐사

지구와 달 다음으로 인류가 많은 정보를 얻고 있는 천체는 화성이다. 사실 화성의 지형도는 지구의 지형도보다 정확도가 높다. 지구의 경우 바다나 산림에 덮인 장소의 정확도가 떨어지지만 화성에는 그런 것들이 없기 때문이다.

화성은 주로 미국이 열띤 탐사 활동을 전개해왔다. 1971년 11월 14일 미국의 마리나 9호가 최초로 화성 궤도 진입에 성공했다. 구소련의 마스 2호가 미국보다 불과 며칠 늦은 1971년 11월 27일 그 뒤를 쫓았다. 같은 해 구소련은 마스 3호로 화성 연착륙에 성공한다. 미국은 1976년 바이킹 1호로 화성 연착륙에 성공했다. 그 후부터는 미국이 다른 나라를 크게 앞서며 1977년 최초의 화성 탐사차 소저너를 착륙시켰으며, 2004년에는 스피리트와 오퍼튜니티, 2012년에는 큐리오시티를 보내는 등 적극적인 탐사 활동을 전개했다.

미국의 열정적인 탐사 활동으로 화성의 풍경을 가깝게 느낄 수 있게 되었지만 여전히 화성 탐사는 난이도가 높다. 미국과 구소련이 화성 궤도 탐사에 성공한 이후 궤도 진입에 성공한 것은 2003년 유럽우주기구의 마스 익스프레스와 2014년 인도의 망갈리안뿐이다. 일본은 2003년 탐사선 '노조미'를 쏘아 올렸지만 아쉽게도 화성 궤도 진입에는 실패하고 말았다.

그런데 최근 들어 화성 탐사 물결이 일기 시작했다. 2018년 미국의 탐사선 인사이트(InSight)가 화성에 착륙했으며, 2020년에는 아랍에미리트연방의 두바이우주센터가 미쓰비시중공업의 H-ⅡA 로켓으로 화성 탐사선을 발사해 중동 최초의 화성 탐사에 나설 예정이다(2020년 7월 발사된 화성 탐사선 '아말'이 2021년 2월 화성 궤도에 진입함으로써 아랍에미리트는 미국, 러시아, 유럽, 인도에 이어 다섯 번째 화성 궤도 진입국이 됐다-역주). 중국도 2020년 화성 로켓을 발사할 예정이며, 미국도 2020년에 마스 2020이라는 탐사선을 쏘아 올린다고 한다(중국은 2020년 7월 첫 화성 탐사선 '톈원(天問) 1호'를 성공적으로 쏘아 올렸으며, 미국 항공우주국(NASA)도 2020년 7월 다섯 번째 화성 탐사 로버 '퍼서비어런스(Perseverance, 인내)'를 실은 탐사선 '마스(Mars) 2020'을 발사했다-역주). 한편 일본에서도 흥미로운 탐사를 기획하고 있다. 화성 위성 탐사 계획 MMX

라고 불리는 이 프로젝트는 화성 위성의 샘플 리턴을 목적으로 2020년대 초반 발사를 목표로 준비가 진행 중이다(MMX 탐사선은 오는 2024년에 발사해 2025년에 화성에 도착시킬 계획이다-역주).

생각보다 모르는 사람이 많은데 아직까지 인류는 화성에서 암석을 가지고 돌아온 적이 없다. 하지만 화성의 암석은 존재한다. 화성에서 운석 충돌의 충격으로 떨어져나와 지구에 떨어진 화성 운석이다. 2019년 4월까지 국제운석학회에 등록된 화성 운석의 수는 231개이다. 또한 미국의 화성 탐사차 큐리오시티는 무게가 900kg 정도의 소형 자동차만 한 크기로 많은 관측장비를 탑재하고 있다. 그런 관측장비를 이용해 무인 탐사임에도 화성의 지질과 암석에 대한 상세한 정보를 수집하고 있다.

화성의 매력은 지구와 가장 비슷한 환경을 가진 천체라는 점이다. 과거에는 북반구 대부분이 바다였을 것으로 추정된다. 화산 활동도 왕성했다. 주변 지표보다 27km나 우뚝 솟아 있는 올림포스산은 태양계 최대의 화산이다. 또 아직 확실히 증명되진 않았지만 과거에는 판의 운동도 있었을 것으로 여겨진다. 이렇게 지구와 비슷한 환경이었기 때문에 생명이 탄생했을 가능성도 있다. 땅속에는 아직 미생물이 살아 있을지 모른다.

화성까지 가는 것은 쉽지 않은 여정이지만 일단 도착하면 다른 천체에 비해 살기 좋은 환경이다. 지구의 100분의 1밖에 되지 않는 기압이지만 어쨌든 대기가 있기 때문이다. 일단 달과 같이 대기가 없는 천체와 달리 낙하산을 이용해 낙하 속도를 줄일 수 있어 착륙이 용이하다. 화성의 평균 기온은 영하 63℃이지만 대기가 있어 달처럼 극단적인 한란의 차이도 없다. 기계의 열은 공기를 이용해 식힐 수 있어서 냉각은 달보다 훨씬 쉽다. 다만 모래폭풍이 태양전지 패널을 덮어버릴 가능성이 있기 때문에 그 점은 주의가 필요하다.

화성의 남극과 북극에는 이산화탄소와 물이 얼어붙어 있는 극관이라고 불리는 얼음 지형이 존재한다. 물의 가치에 대해서는 달 개발에서 이야기한 바 있다. 이산화탄소에는 탄소가 함유되어 있어 농업에 이용할 수 있다. 또 화성에는 메탄의 발생원이 있는 듯하다. 물을 전기분해해 로켓 연료를 만드는 방법 외에 메탄도 연료로 사용할 수 있다.

이런 이유로 수백만 명이 살 수 있는 대규모 도시를 건설하기에는 화성이 가장 적합하다. 인류의 이주 계획으로 화성이 주로 거론되는 이유이기도 하다.

아마도 과거 지구와 비슷한 환경이었던 화성은 판의 운동이 멎고 대기가 희박해지면서 바닷물이 증발해버리는 환경 대격변을 경험한 행성일 것이다. 이런 행성의 연구는 지구의 지각 변동이나 장기적인 기상 변동에 대해 많은 것을 알려줄 것이다. 만일 생명체가 발견된다면 생명 탄생의 필수적인 요소는 무엇인지, 생물의 기본 구조와 진화의 방향성은 지구와 같은지, 아니면 다른 방향도 가능한 것인지 등의 다양한 의문을 풀 열쇠를 손에 넣는 셈이다.

소행성 탐사

소행성이라고 하면 일본에서는 하야부사가 탐사한 이토카와나 하야부사2가 착륙한 류구가 유명하다. 두 소행성 모두 태양계 초기의 물질을 그대로 간직하고 있는 원시 천체이다.

한편 원시적이지 않은 소행성도 있는데 이들은 분화한 소행성이라고 부른다. 분화란 본래 생물의 세포가 난세포에서 뼈, 신경, 근육 등의 독특한 성질을 지닌 세포로 변화하는 현상을 가리키는 말이다. 그에 빗대어 원시적인 물질에서 핵, 맨틀, 지각 등 각각의 특징을 지닌 부분으로 나뉘는 것을 분화라고 부른다.

달이나 화성의 운석이 지구로 날아오는 경우는 매우 드물다. 대부분 소행성에서 날아온 것으로 추정되는 운석 중에는 금속철로 이루어진 운철 등이 있다. 제철 기술이 없던 고대인들이 운철을 이용해 철기를 만들었던 예도 있는 듯하다.

소행성에는 여러 종류가 있다. 분류 방법은 목적에 따라 다양하지만 소행성 표면에 있는 물질과 관련한 방법으로는 지구에서 관측된 색과 밝기로 구분하는 방법이 있다. 여기서 말하는 색은 전자기기로 인간이 볼 수 없는 파장까지 관측해 분류한 색이다.

1984년 데이비드 톨렌(David J. Tholen) 등이 소행성을 VQRSAEM-CGBFTPD의 14개 형태로 분류하는 방법을 제안해 오랫동안 사용되었다(그림 26). 이 중 2019년까지 소행성에서 가져온 물질은 하야부사가 S형 소행성 이토카와에서 가져온 샘플뿐이다. 2020년에는 '하야부사2'가 C형 소행성 류구에서 샘플을 가지고 돌아올 예정이다(2020년 12월 소행성 류구의 토양 샘플이 담긴 캡슐이 호주 남부 우메라 사막지역에 안착했다-역주). 또 미국의 소행성 탐사선 오시리스·렉스도 2023년 C형의 하위 그룹인 B형 소행성 베누에서 샘플을 가져올 예정이다.

사실 하야부사의 탐사가 있기까지 지구에 있는 운석의 고향이 소행성이라고 자신 있게 말할 수 있는 상황은 아니었다. 소행성과 운석의 색에 미묘한 차이가 있었기 때문이다. 달의 암석 연구를 통해 대기가 없는 천체의 표면이 미세 운석의 충돌에 의한 가열이나 우주 방사선의 영향으로 검붉은 빛을 띠게 되는 우주 풍화가 일어난다는 가설은 있었다. 하지만 하야부사의 탐사로 이토카와의 물질을 얻게 되면서 S형 소행성이 '보통 콘드라이트'라는 지구에도 많이 떨어지는 운석으로 이루어졌으며, 우주 풍화로 운석의 색과 미묘한 차이가 있는 색을 띠게 되었다는 것이 확인되었다. 이는 하야부사 탐사의 수많은 성과 중에서도 대단히 중요한 내용이었다.

앞으로는 모든 형태의 소행성에서 샘플을 가져오게 될 것이다. 그리고 우리가 이미 가지고 있는 운석이 어느 그룹과 대응하는지 확인할 수 있을 것이다. 이렇게 소행성과 운석을 대응시킨 후에는 운석만 연구하면 된다고 생각할지 모른다. 하지만 그렇지 않다.

운석의 색과 소행성의 색이 다르듯이 소행성에서 떨어져나온 운석에는 우주 풍화라는 표층의 특징이 남아 있지 않다. 소행성에서 떨어져나오는 과정에서 다양한 특징을 잃어버린다. 또 운석은 어디까지나 소행성에서 떨어져나온 파편이기 때문에 소행성의 장소나 표면의 깊이에 따라 광물 구성이나 암석 조직에 차이가 있는지

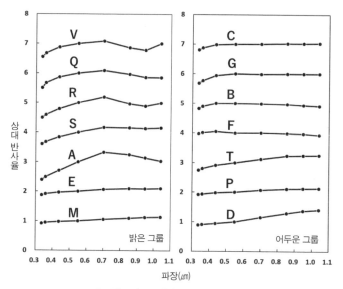

〈그림 26〉 소행성의 스펙트럼형 분류

톨렌의 분류법으로 구분한 소행성을 색의 특징에 따라 8개의 파장으로 표현한 그림(제공 : 히로이 다카히로[廣井孝弘] 박사). 세로축의 반사율은 실제 수치가 아니라 특징 비교를 위해 0.55μm 파장의 반사율과의 상대적인 반사율로 나타냈으며, 그래프가 겹치지 않도록 세로로 옮겨 표시했다는 점에 주의.

여부는 알 수 없다. 하야부사2가 소행성 류구의 여러 장소에서 시료를 채취하거나 소행성에 구멍을 뚫어 조사하는 것은 그런 차이를 알아보기 위해서이다.

소행성을 연구하는 의의는 무엇일까. 미분화된 소행성은 태양계가 형성된 시기의 물질을 거의 그대로 간직하고 있다. 그렇기 때문에 원시 소행성은 태양계의 탄생 과정을 연구하는 중요한 열쇠이다.

한편 분화된 소행성 중에는 핵이나 맨틀로 분화하던 중 열이 부족해 어중간한 상태로 굳어버린 천체가 있는가 하면, 완전히 분화된 천체 혹은 분화된 후 소행성끼리 충돌해 핵만 남아 내부가 드러나 있는 천체 등이 다양하게 존재한다. 이런 천체들은 지구가 어떻게 분화해 지금의 구조를 갖게 되었는지에 대해 중요한 지식을 제공해줄 것이다.

지구의 내핵은 지하 5,100km 깊이에 위치하며 두께 2,200km의 걸쭉하게 녹은 외핵에 덮여 있기 때문에 인류의 과학기술이 아무리 발전한다고 해도 지구 내핵의 물질을 채취하기란 불가능하다. 하지만 소행성 중에는 과거 크게 분화된 천체가 파괴되면서 핵이 드러나 있는 것이 있다. 과학자들이 관심을 갖는 이유를 알 수 있을 것이다.

소행성은 자원 면에서도 주목받고 있다. 고대 문명이 운철을 철의 자원으로 활용했던 것처럼 미래의 인류도 소행성을 자원으로 이용하게 될 것이다. 지구의 철광석은 모두 산화철로, 방대한 에너지를 사용해 제련하지 않으면 금속철을 분리할 수 없다. 하지만 운철의 모(母)천체를 채굴하면 금속철을 얻을 수 있다.

또 백금, 이리듐 등의 백금족 원소와 니켈, 코발트 등의 친철원소는 철에 쉽게 녹기 때문에 지구의 경우 대부분 핵에 포함되어 있다. 우리는 백금족 원소의 찌꺼기와 같은 지각에서 열심히 귀금속을 모으고 있는 셈이다. 반대로 운철은 백금족 원소를 함유한 친철원소가 철에 녹아 뭉쳐져 있는 물질이다. 이 귀금속을 소행성에서 채취한다는 구상이다.

〈그림 27〉 토성의 위성 엔켈라두스 남극 부근의 수증기 분출
2005년 토성 탐사선 카시니에 의해 관측되었다.
(NASA/JPL/Space Science Institute)

얼음 천체 탐사

목성이나 토성의 위성 중에는 얼음으로 덮인 천체가 다수 존재한다. 그중에서도 내부에 액체로 이루어진 바다가 있을 것으로 추정되는 천체는 많은 과학자들의 관심을 끌었다. 내부해(內部海)라고도 불리는 지하의 바다에서 생명이 탄생했을 가능성이 있기 때문이다.

내부해가 주목받고 있는 천체는 목성의 위성 가니메데(지름 5,268km)와 유로파(지름 3,122km) 그리고 토성의 위성 엔켈라두스(지름 504km)와 타이탄(지름 5,150km) 등이다. 지구에서 생명체가 탄생한 기원에 관해서는 여러 설이 있지만 바다에서 탄생했다는 것은 분명해 보인다. 다시 말해 바다가 있으면 생명체의 탄생을 기대할 수 있다. 또 화성과 달리 미생물이 아닌 물고기처럼 어느 정도 크기가 큰 생명체가 현재도 진화하고 있을 가능성이 있다.

2012년과 2016년에는 허블 우주망원경이 유로파에서 분천(噴泉)이 치솟는 것을 관측했다. 토성 탐사선 카시니는 2015년 엔켈라두스에서 관측된 분천에 접근해 그 성분을 조사했다(그림 27). 이렇게 확인된 분천은 천체 내부에 바다가 존재한다는 직접적인 증거가 되었다. 분천이 뿜어져 나오는 이유는 아직 밝혀지지 않았다.

지구에서 분천은 물이 뜨겁게 데워져 수증기로 변할 때 부피가 팽창하면서 솟구친다. 혹은 데워진 탄산음료가 캔에서 뿜어져 나오듯 액체에 녹아 있던 다른 물질이 다 녹지 않고 거품을 만들어 전체의 부피를 팽창시키면서 솟구치는 경우도 있다. 지구에서는 마그마에 포함된 수증기와 이산화탄소가 거품이 되면서 부피가 팽창해 화산 폭발이 일어난다. 얼음 천체 내부의 바다에서 액체 성분이 기화하는 것이 아니라 액체 성분에 녹아 있던 가스가 분리되어 뿜어져 나온 것이라면 저온 화산으로도 볼 수 있다.

토성 탐사선 카시니에 탑재되어 있던 유럽우주기구의 소형 행성 탐사선 하위헌스 프로브(Huygens probe)가 2005년 카시니에서 분리되어 토성의 위성 타이탄에 착륙했다. 착륙 전 타이탄 상공에서 촬영한 사진에는 액체 상태의 메탄과 에탄으로 이루어진 강과 호수와 바다의 모습이 찍혀 있었다. 흡사 지구의 강어귀 같은 풍경에 전 세계 연구자들은 놀라움을 감추지 못했다.

당시 오사카대학교에서 유럽우주기구의 한 인사가 타이탄 탐사에 대한 강연을 펼쳤다. 하위헌스 프로브가 타이탄의 지표에 착륙할 때 딱딱한 표면과 달리 안쪽은 부드러워 탐사선의 바늘처럼 뾰족한 다리가 푹 박혔는데 그때 측정 중이던 대기 중의 메탄가스 농도가 올라갔다고 한다. 영하 180℃의 타이탄은 물 대신 메탄이 증발하거나 비가 되어 내리는 저온의 세계인 듯하다.

프랑스인 강연자는 하위헌스 프로브의 다리가 타이탄의 지표에 푹 박히는 모습을 "크렘 브륄레 같았다"고 말했다. 크렘 브륄레는 커스터드푸딩의 표면을 불에 살짝 그슬려 바삭하게 굳힌 프랑스의 디저트이다. 디저트를 잘 아는 여학생들은 고개를 끄덕였지만 남학생들 중에는 어리둥절한 표정을 짓는 사람이 많았던 것이 재미있었다. 때로는 디저트 지식도 행성과학에 도움이 되는 듯하다. 오사카대학의 학생들에게는 "겉은 바삭하고 안은 부들부들한 타코야키 같았다"고 설명하면 금방 알아들었을 것이다. 타코야키 이야기가 나온 김에 여담 삼아 덧붙이면 오사카대학교는 2017년 행성과학회가 주관하는 대회의 주최 및 간사 대학이 되었다. 그때 열린 간친회에서 오사카대학의 행성과학 연구자와 학생들이 직접 만든 타코야키로 다양한 행성과 위성 표면의 패턴과 내부 구조를 재현하는 프로그램을 진행했다. 전국에서 모인 행성과학자들이 타코야키를 먹으며 행성의 구조에 대한 열띤 토론을 벌이는 대단히 즐거운 시간이었다. 행성과학자는 행성을 가까운 사물에 비유하는 것을 좋아하는 듯하다.

2022년에는 유럽우주기구의 주스(JUICE)라는 대형 목성 탐사선이 발사될 예정이다. 주스는 2029년 목성에 도착한 후 목성은 물론 목성의 위성 칼리스토와 유로파를 관측하고 2032년에는 가니메데의 궤도로 진입해 가니메데를 자세히 관측할 예정이다. 이 탐사 계획에는 일본의 연구자들도 다수 참가하고 있다.

항성 간 여행

최근 행성과학계를 뜨겁게 달군 사건으로 외계 행성의 발견이 있다. 외계 행성이란 태양계 바깥의 항성 주위를 도는 행성이다. 태양처럼 스스로 빛을 내는 천체를 항성이라고 부른다.

1992년 최초의 외계 행성이 확인된 이후 외계 행성을 찾아내는 다양한 방법이 개발되면서 발견 횟수가 급격히 늘었다. 이 시기의 급격한 증가는 디지털 이미지 센서와 컴퓨터 성능 향상이 바탕이 되었다고 볼 수 있다. 또 지구 주위를 돌며 우주를 관측하는 천문 위성도 외계 행성 관측에 큰 효과를 발휘했다.

2019년 4월 22일 Exoplanet.eu라는 외계 행성 데이터베이스를 확인한 결과 카탈로그에 등록된 외계 행성의 수는 4,048개에 달했다. 행성을 가진 항성의 수는 3,022개로 그중 복수의 행성을 가진 항성은 659개였다. 외계 행성의 발견 횟수는 앞으로도 계속 늘어날 것이다.

외계 행성의 대량 발견은 행성과학자들에게 두 가지 의미에서 놀라움을 안겼다. 하나는 매우 다양한 행성이 존재한다는 점, 또 다른 하나는 행성을 가진 항성이 생각보다 많다는 점이었다.

다양한 행성이 존재한다는 것은 이전에는 상상도 못 한 기묘한 행성이 다수 발견되었다는 것이다. 예를 들어 목성처럼 거대한 행성이 항성 주위를 불과 4일 주기로 공전하는 기이한 행성이 발견되면서 거대 행성은 태양계의 목성이나 토성과 같이 항성에서 멀리 떨어진 곳에서 수년에 걸쳐 공전한다는 선입관이 깨졌다. 또 안정된 궤도를 유지하기 어려울 것으로 생각되었던 극단적인 타원궤도를 가진 행성이 발견되어 연구자들을 놀라게 했다. 한편 지구와 비슷한 크기로, 액체로 된 물이 존재할 가능성이 있는 표면 온도를 가진 행성도 다수 발견되었다. 물이 있다는 것은 생명체가 탄생할 가능성이 있다는 말이다.

　또 한 가지 놀라운 사실은 행성을 가진 항성이 의외로 많다는 점이다. 이 발견으로 우주에 생명체가 존재할 가능성이 더욱 커졌다. 1992년 외계 행성이 처음 발견될 당시만 해도 행성을 가진 항성의 존재 여부는 추정만 하는 수준이었다. 연구자들 사이에서도 우리 태양계가 비교적 일반적인 것인지, 아니면 매우 특수한 것인지 의견이 갈리는 상태였다. 마치 지구에서 생명체가 탄생한 것이 다른 행성에서도 일어날 수 있는 일인지, 아니면 지구에서만 일어난 드문 현상이었는지 의견이 갈리는 지금의 상황과 비슷하다.

　대량의 외계 행성이 발견되기 전에는 행성을 가진 항성의 비율이 낮을 것으로 보는 경향이었다. 과거의 문헌에서 연구자가 그 비율을 어느 정도로 생각했는지 알아볼 때 편리한 방법이 바로 드레이크 방정식이다. 이것은 은하계 안에 인간과 교신이 가능한 지적 생명체가 있는 문명이 몇 개나 될지를 계산하는 방정식이다.

드레이크 방정식을 처음 알게 된 것은 중학생 때 본 〈코스모스〉라는 텔레비전 방송이었다. 1980년 당시 내가 살던 지역에서는 밤 11시부터 새벽 1시까지 방영되었던 것으로 기억한다. 녹화장치도 없었기 때문에 졸음을 참아가며 설레는 마음으로 방송을 시청했다.

이 방송에는 당시의 최첨단 우주 탐사의 성과가 가득 담겨 있었다. 진행자는 저명한 행성과학자 칼 세이건 박사였다. 그는 동명의 과학 교양서 『코스모스』도 출간했다. 이 책은 일본에서도 상·하권 합쳐 30만 부가 넘는 판매고를 기록했으며 문고판은 100만 부 가깝게 판매되었다고 한다. 칼 세이건 박사가 직접 출연해 해설하는 텔레비전 방송 〈코스모스〉를 보며 그의 팬이 된 나는 당연히 책으로 나온 『코스모스』도 사서 읽었다. 나와 비슷한 세대의 행성과학자나 천문학자 중에는 이 『코스모스』에서 영향을 받은 이들이 많다.

재방송을 녹화한 〈코스모스〉를 오랜만에 다시 보며 당시 칼 세이건 박사가 선택한 수치와 함께 드레이크 방정식을 설명해보자.

드레이크 방정식은 이런 식으로 은하계 안에 교신이 가능한 지적 생명체가 있는 문명의 수 N을 계산한다.

N^* 은 은하계에 존재하는 항성의 수로, 칼 세이건 박사가 선택한 숫자는 4,000억 개이다. f_p는 항성이 행성을 가지고 있을 확률로, 박사는 '소극적'인 수치임을 밝히며 4분의 1을 대입했다. n_e는 항성이 행성을 가지고 있을 경우 생명체가 탄생할 가능성이 있는 행성

의 수로, 이번에도 박사는 '소극적'인 수치라며 2개를 대입하고 fl은 생명체가 탄생할 확률로 여기에는 2분의 1을 대입했다.

fi의 지적 생명체로 진화할 확률과 fc의 전파천문학을 구사할 문명의 수준까지 진화할 확률에 대해서는 고심 끝에 둘 다 0.1을 대입했다. fL은 기술 문명이 번영하는 시간인데 여기서 내가 가장 좋아하는 칼 세이건 박사의 언변이 시작된다.

칼 세이건 박사는 이렇게 말한다. "인류는 전파천문학이라는 기술 문명을 발전시킨 지 불과 수십 년밖에 지나지 않았지만 절멸의 위기에 처해 있다. 지구가 탄생한 46억 년 동안 문명이 존속하는 시기가 수십 년에 불과하다면 fL은 1억 분의 1이다. 그러면 N은 겨우 10개 정도밖에 되지 않는다. 이래서는 은하계의 다른 지적 생명체를 만날 가능성은 지극히 낮다. 하지만 그중 1%의 문명이 정신적인 문화를 고양하고 전쟁을 회피해 파멸의 위기를 벗어난다면 fL은 100분의 1이다. 그러면 N은 단숨에 100만으로 늘어난다. 이런 추산이라면 만나게 될 수도 있지 않을까."

즉, 평화로운 사회를 유지하는 것이 외계인과의 첫 만남을 가능케 한다는 것이다. 그의 견해에 감탄을 금할 수 없었다.

그런데 칼 세이건 박사가 드레이크 방정식에 대입한 행성을 가진 항성의 비율은 4분의 1이었으며, 생명체가 살아가기에 적합한 환경을 가진 행성의 수는 2개였다. 당시로서는 상당히 적극적인 수치였다. 대다수 연구자들은 행성을 가진 항성의 비율을 0.1 남짓, 생명체가 살아가기에 적합한 환경을 가진 행성의 수는 1개도 너무 많

$$N = N^* \times fp \times ne \times fl \times fi \times fc \times fL$$

드레이크 방정식

다고 보았을 것이다.

칼 세이건 박사는 외계 지적 생명체와의 만남을 다룬 SF소설 『콘택트(Contact)』도 집필했다. 이 소설은 1997년 조디 포스터 주연의 영화로 제작되기도 했다. 지금도 렌털이나 인터넷 배급 서비스를 통해 볼 수 있으니 꼭 한번 보기를 바란다. 소설 내용만 보아도 칼 세이건 박사는 외계 지적 생명체의 존재를 믿는 과학자였던 것이 분명하다. 나를 비롯한 그 당시 아이들은 칼 세이건 박사의 낙관적인 수치를 믿고 크게 흥분했다. 그 덕분에 행성과학자나 천문학자의 길을 걷게 된 사람들도 많을 것이다.

외계 행성이 잇따라 발견되고 있는 지금, 당시를 돌이켜보면 칼 세이건 박사가 선택한 숫자는 결코 과장된 수치가 아닌 지극히 현실적인, 오히려 그가 말했던 것처럼 소극적인 숫자일지 모른다.

더 나아가 지구와 비슷한 별들도 다수 발견되고 있다. 지구에서 가장 가까운 항성인 프록시마 별에도 프록시마b라는 물이 존재할 가능성이 높은 지구형 행성이 발견되었다.

이 천체를 탐사하기 위해 기획된 계획이 러시아의 기업가 유리 밀너(Yuri Milner), 우주물리학자 스티븐 호킹(Stephen William Hawking) 박사 등이 중심이 되어 만들어진 외계 지적 생명체 탐사 단체 브레이크스루 이니셔티브(Breakthrough Initiative)의 브레이크스루 스타샷(Breakthrough Starshot) 프로젝트이다. 우표 크기의 초경량 탐사선에 사방 1~수 m의 얇은 돛을 달고 그 돛에 강력한 레이저 광선을 쏘아 광속의 20% 속도까지 가속해 천체로 보낸다는 계획이다.

이 방법이면 프록시마b까지 20년이면 도착하고 그곳에서 촬영한 사진 등의 관측 데이터를 지구까지 레이더로 전송하는 데 4년이 걸리므로 금세기 중에 프록시마b의 관측 결과를 받아볼 수 있다. 물론 초소형 경량 탐사선을 만드는 기술이나 탐사선에 초강력 레이저 광선을 정확하게 쏘는 방법 등 기술적으로 해결하지 못한 과제도 많기 때문에 지금 당장 제작에 착수하기는 어렵다. 과학기술의 발전을 전망해 약 20년 후 실현을 목표로 하고 있다.

젊은 세대의 독자들은 장래에 프록시마b의 관측 데이터를 보게 될지도 모른다. 나는 어지간히 오래 살지 않고는 어렵겠지만, 그 전에도 지적 생명체가 보낸 전파를 수신하거나 다이슨 구와 같이 지적 생명체의 존재를 확인할 수 있는 간접적인 증거를 관측할 가능성이 있다고 기대하고 있다.

에필로그
– 달에 거주하며 우주를 모험하는 미래의 생활 방식

앞으로 인류는 달을 거점으로 본격적인 화성 개발을 시작해 화성에 도시를 건설하기에 이를 것이다. 또 목성이나 토성에 과학 관측의 전진기지를 세우고, 그곳에서 외계 지적 생명체를 발견하게 될지도 모른다.

이번 장에서는 그런 100년 후, 200년 후의 미래에 과연 우리는 어떤 지식과 생각을 갖고 살아가야 할지에 대해 생각해보자.

우주 시대에 알아야 할 뉴스를 이해하는 기술 용어

우주 시대의 뉴스를 접할 때, 몇 가지 용어의 의미를 알면 각국의 기술 수준이 발전해나가는 양상이나 타국과의 경쟁 상황 등의 사정을 더 명확히 이해할 수 있다.

우주 탐사 기술의 수준에 대해서는 다음의 여섯 가지 단계를 파악해두면 편리하다(그림 28).

(1) 인공위성

(2) 플라이바이(스윙바이)

(3) 궤도 탐사

(4) 연착륙

(5) 샘플 리턴

(6) 유인 탐사

(1)의 인공위성은 지구 궤도를 도는 위성을 쏘아 올리는 기술이다. 우주의 입구는 고도 100km로 정의된다. 이 높이까지 로켓을 쏘아 올리는 것도 힘든 일이지만 그것만으로 인공위성이 되는 것은 아니다. 인공위성은 지구의 중력에 의해 계속해서 지표면으로 떨어지고 있지만 수평 방향으로 빠르게 비행하며 지구를 중심으로 회전하는 원운동 궤도를 형성하기 때문에 떨어지지 않는 것이다. 이때 필요한 최소 속도는 초속 약 7.9km이다. 이 속도를 실현하기가 어렵다.

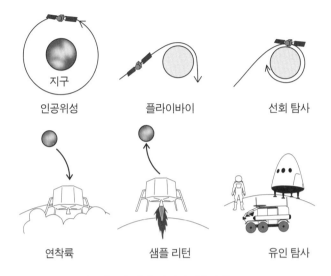

지구

인공위성　　　플라이바이　　　선회 탐사

연착륙　　　샘플 리턴　　　유인 탐사

〈 그림 28 〉 우주 탐사의 기술 수준

　로켓 발사장은 어느 나라든 최대한 적도에 가까운 저위도 지역을 선택한다. 그리고 동쪽 상공을 향해 쏘아 올린다. 동쪽 방향으로 빠른 속도로 돌고 있는 지구의 자전 속도를 이용하기 위해서이다.

　일본은 1970년 인공위성 '오스미'를 쏘아 올려 세계에서 네 번째로 인공위성 발사 가능국이 되었다. 패전 후 불과 25년 만에 승전국인 중국이나 영국보다도 먼저 발사에 성공한 것은 경이로운 성과였다. 현재까지 자국의 로켓으로 인공위성을 쏘아 올린 나라는 발사에 성공한 순서대로 하면 구소련(러시아도 포함), 미국, 프랑스, 일본, 중국, 영국, 인도, 이스라엘, 이란, 북한의 10개국뿐이다. 최근 여러 나라가 자국의 인공위성을 쏘아 올리고 있지만 발사체 기술을 가진 나라의 로켓을 이용하는 것에 불과하다. 그만큼 이 첫 번째 기술 수준을 달성하는 것도 대단히 어려운 일이다.

(2)의 플라이바이(fly-by)는 목표 천체를 근접 통과하는 것이다. 관측 기회가 한 번뿐이기 때문에 조금 아깝긴 하지만 어쨌든 목표 천체 옆을 지나가기만 하면 되는 가장 간단한 탐사 방법이다. 또 근접 통과 방식을 적절히 이용하면 행성이 공전하는 운동량을 일부 얻어 추가 연료 없이 가속할 수 있다. 이런 비행 방법을 스윙바이(swing-by)라고 한다.

(3)의 궤도 탐사는 목표 천체의 둘레를 도는 인공위성이 되어 장기간 관측하는 탐사이다. 지구에서 목표 천체까지 간 탐사선은 빠른 비행 속도 때문에 천체의 중력에 붙잡히지 않고 그대로 근접 통과 즉, 플라이바이하고 말 것이다. 그렇기 때문에 탐사선은 연료를 진행 방향과 반대로 분사해 추락하지 않을 정도로 속도를 늦춰 목표 천체의 중력에 붙잡혀야 한다. 고도의 제어 기술이 필요한 탐사이다.

(4)의 연착륙(소프트 랜딩)은 탐사선을 중력이 있는 천체에 부드럽게 착륙시키는 기술이다. 보통 목표 천체의 선회 궤도에 들어간 다음 연료를 반대 방향으로 분사해 속도를 늦춘 뒤 착륙한다. 지상에 강하게 충돌하는 것은 경착륙(하드 랜딩)이라고 하는데, 이렇게 착륙하면 탐사선이 크게 손상될 위험이 있다. 목표 천체에 충돌하는 것뿐이라면 플라이바이와 비슷한 정도의 기술 수준으로도 가능하다. 한편 JAXA는 페니트레이터(penetrator)라고 하는 어뢰와 같은 형태

로 경착륙에도 부서지지 않고 지면에 박혀 지진계나 열류계 등을 작동시키는 장치를 실용화했으나 실제 우주 탐사 예산을 획득하지는 못했다.

연착륙에 대한 이야기로 돌아가자. 연착륙을 하려면 지면에 도달하기 전에 속도를 줄여야 한다. 대기가 있는 천체라면 낙하산을 이용해 감속한다. 달처럼 대기가 없는 천체에서는 로켓 연료를 반대 방향으로 분사하는 방법을 이용한다. 화성 탐사선은 착륙 시 마지막 충격 흡수를 위해 에어백을 이용한 예도 있다.

일본은 아직 연착륙을 시도한 적이 없다. 2022년 소형 달 착륙선 SLIM이 성공하면 연착륙 기술을 손에 넣을 수 있다. 이렇게 말하면 이토카와에 착륙한 하야부사를 떠올리며 고개를 갸웃하는 독자도 있을 것이다. 이토카와나 류구는 중력이 매우 작기 때문에 착륙이라고는 해도 우주정거장에 도킹하는 정도의 기술로, 중력 천체에 연착륙하는 것과는 수준이 다르다.

연착륙에 성공하면 탐사차도 운용할 수 있다.

(5)의 샘플 리턴은 목표 천체에서 시료를 채취하는 것이다. 물론 앞서 이야기한 연착륙에 성공하지 못하면 시료 채취도 불가능하다. 시료를 채취한 후에는 지구로 로켓을 다시 쏘아 올려야 하고, 지구에 도달한다고 해도 시료를 대기권에 돌입시켜 무사히 지상까지 보내야 한다. 이 모든 과정이 제대로 이루어지지 않으면 시료를 얻지 못하는 고도의 탐사 수법이라고 할 수 있다. 하야부사와 하야부사2도 샘플 리턴이었지만 중력이 있는 천체에 착륙하거나 로켓

을 다시 쏘아 올릴 필요가 없는 특수한 샘플 리턴이었다.

(6)의 유인 탐사는 기본적으로 샘플 리턴과 동일한 과정으로 이루어진다. 단지 사람과 사람이 활동할 때 필요한 주변 장치와 같은 질량이 큰 것을 운반해야 하고, 방사선량이나 온도 변화 등도 무인 탐사보다 훨씬 낮은 수준으로 제어해야 한다. 게다가 무인 탐사 이상으로 실패가 용납되지 않는 점 등 온갖 장애물을 단숨에 뛰어넘어야 하는 탐사 방법이기 때문에 샘플 리턴보다 훨씬 높은 수준의 기술력과 예산이 필요하다.

이상으로 여섯 단계에 대한 해설을 마쳤다. 앞으로 우주 탐사에 대한 뉴스를 접하면 어느 단계의 탐사인지를 명확히 이해함으로써 각국의 우주 기구나 민간 기업의 기술 수준의 발전 단계를 실감할 수 있을 것이다.

우주 팬으로서의 의의

우주 탐사를 지지하는 우주 팬의 존재는 앞으로 점점 더 중요해질 것이다. 국가 주도의 우주 탐사는 세금을 재원으로 이루어지는 것이기 때문에 국민의 이해가 있어야만 가능하다. 또한 민간에서는 우주 팬들에 의해 설립된 회사에서 주도하는 우주 탐사 계획이나 우주 탐사 팬들의 의사에 따라 탐사 목적이 결정되는 등 점점 더 큰 역할을 하고 있다.

일본에서 우주 탐사 팬이 폭발적으로 늘어난 것은 역시 하야부사의 영향이 컸다고 생각한다. 온갖 사고와 문제가 발생하는 상황에서도 포기하지 않고 극복해나가는 모습은 많은 이들에게 감동을 주었을 뿐 아니라 그들을 우주 팬으로 만들었다. 이런 우주 팬들의 성원 덕분에 하야부사2의 탐사 계획이 채택될 수 있었다고 해도 과언이 아니다. 당시 나는 예산적인 면에서 하야부사2와 경쟁 관계라고 할 수 있는 달 착륙 계획 'SELENE-2'의 준비 작업으로 오랜 시간을 들여 착륙 지점을 선정하는 작업을 하고 있었다. 그사이 하야부사2 계획이 기획 단계에서 눈 깜짝할 새 탐사 프로젝트로 승격되는 과정을 부러움과 질투 섞인 마음으로 지켜보는 한편 세계 최초로 국민의 뜻에 의해 우주 탐사 프로젝트가 선정되었다는 사실에 감동했다.

다만 당시 일었던 열풍에 불만도 있었다. 과학적 성과 자체보다는 문제를 해결하는 상황에 관심이 집중되었기 때문이다. 하야부사는 샘플 리턴 외에도 중요한 성과를 거두었다. 2005년 하야부사가 소행성 이토카와에 도착했을 때는 반향이 크지 않았다. 전 세계 과학자들은 이토카와의 영상을 보고 깜짝 놀랐다. 저중력 천체이기 때문에 입자가 고운 레골리스는 우주로 날아가버리고 암석만 가득한 천체일 것이라고 상상했던 것이다. 그런데 예상과 달리 고운 레골리스로 덮인 광대한 평지가 존재했다(하야부사2가 착륙한 류구에는 암석만 가득해 또 한 번 놀라움을 안겼다. 역시 우주 탐사는 직접 가보지 않으면 알 수 없다). 그런 놀라운 성과를 크게 보도한 매체는 많지 않았다. 2007년 발사된 가구야도 마찬가지였다. 큰 문제 없이 많은 과학적

성과를 거두었지만 뉴스에서 다뤄지는 내용은 지금의 우주 탐사 열풍을 생각하면 지나치게 적었다.

하지만 이 점은 우주 탐사를 하는 쪽도 성과 공개에 소홀했던 점이 있었던 데다 정보를 받아들이는 일본 국민들도 아직 성과를 이해하는 데 익숙지 않았던 탓인지도 모른다. 하야부사 탐사 팀은 문제가 발생했을 때 자세한 정보 하나하나까지 소상히 알렸다. 특히 젊은 연구자들은 당시 일반화된 인터넷을 이용해 우주 팬들을 대상으로 상당히 전문적인 정보까지 전달했다. 그런 정보를 이해하고 해설하는 우주 팬이 나타났으며 문제가 된 내용을 이해하는 국민들도 늘었다. 그런 이해가 있었기에 수많은 팬들이 지구로의 샘플 리턴을 손에 땀을 쥐고 지켜보는 역사적인 상황이 펼쳐졌던 것이라고 생각한다.

2010년 귀환한 하야부사 이전의 우주 탐사는 실패하면 오히려 더 크게 보도되고, 성공하는 경우에는 크게 다뤄지지 않는 상황이었다. 또 실패한 탐사에 대해서는 '예산 ××억 엔이 물거품이 되고 말았다'는 단순한 논조의 보도가 많았던 것 같다. 하지만 하야부사 이후 우주 탐사에 대한 일본 국민의 생각이 크게 바뀌었다. 하야부사2의 탐사에서는 큰 문제 없이 개발자가 의도한 기능대로 제대로 작동하고 있다는 것 자체를 신문이나 뉴스에서 자세히 보도하고 그것을 열심히 지켜보는 많은 팬들이 있었다. 놀라운 변화가 아닐 수 없다.

이런 상황은 내가 좋아하는 모터스포츠 관전과 비슷한 면이 있다. 오토바이나 자동차 경주를 처음 보는 사람은 경주 도중 차가 충돌하거나 오토바이가 미끄러지면 흥분한다. 하지만 경주에 대한 지식이 쌓이고 선수와 정비 기술자들이 어떤 마음가짐으로 경주에 임하는지 등을 알고 나면 충돌 사고만큼 허무한 일도 없다는 생각이 들 것이다. 설령 내가 응원하는 선수의 라이벌이라 해도 끝까지 실력을 발휘해 경쟁하는 모습을 보고 싶은 것이다.

최근 일본의 우주 팬들은 우주 탐사 내용을 충분히 이해하고 다양한 탐사 과정을 예습한 후에 기술적으로 어려운 국면을 개발자와 과학자들과 함께 손에 땀을 쥐며 지켜보는 고도의 관전 방식을 즐기는 수준이 되었다.

앞으로의 기대

최근 민간 최초의 달 착륙 탐사 시도에 관한 뉴스를 접한 독자들도 있을 것이다. 이스라엘의 민간 기업 스페이스IL이 2019년 4월 11일 민간 최초의 달 착륙을 시도했지만 엔진과 통신 수단이 제대로 기능하지 못해 달 표면에 추락했다.

당시 일본의 한 방송사 뉴스 프로그램에서 세계의 달 탐사 열풍을 다룬 특집을 기획했다. 도쿄의 방송사 제작진이 오사카대학교의 내 연구실을 찾아와 해설을 요청해 녹화를 마쳤다. 특집 방송은 착륙 전날 방영될 예정이었지만 국내외의 중요한 뉴스가 겹치면서 다음 날로 연기되었다. 그런데 착륙이 실패하자 달 탐사 특집 방송

자체가 없어지고 말았다. 뉴스 프로그램에서는 취재한 내용이 방송되지 않는 일이 흔했다. 과거에도 한 아침 뉴스 방송의 요청으로 취재에 응했지만 월드컵 축구 경기에서 일본 팀이 깜짝 승리를 거두면서 방영되지 않은 달 특집이 있었다.

이번 경우는 달 착륙이 실패로 끝나면서 뉴스 가치가 떨어진 것이므로 어쩔 수 없었다. 하지만 내가 충격을 받은 것은 이스라엘의 탐사 팀이 달 착륙을 시도했다는 뉴스 자체가 보도되지 않았기 때문이다. 그날 몇 군데 방송사의 아침과 저녁 뉴스를 확인했지만 내가 확인한 바로는 한 군데도 그 뉴스를 다루지 않았다. 한편 NASA에서 전해진 다른 뉴스를 보도한 방송사는 있었다.

성과에 경중을 따지고 싶지는 않기 때문에 어떤 뉴스였는지 구체적인 내용은 소개하지 않겠지만 NASA의 성과는 그날 논문이 공개된 것일 뿐 꼭 그날 보도되지 않아도 될 내용이었다. NASA는 타국의 우주 탐사에 대한 경쟁의식이 강하다. 타국에서 중요한 우주 개발 및 우주 과학 뉴스가 나올 때에는 반드시 'NASA도 이런저런 성과를 거두고 있다'는 뉴스를 내보낸다. 특히 중국의 우주 탐사 뉴스에 민감하게 대응한다. 이런 어필은 NASA의 예산을 좌우하는 미국의 정치가들을 상대로 한 것일 테지만 일본의 보도기관은 NASA의 발표 내용을 더 중시해 보도하는 경향이 있다.

또한 당시 일본의 한 방송국이 보도한 NASA발 뉴스는 한창 화제가 되었던 블랙홀의 그림자를 촬영하는 데 성공했다는 내용이 아니었다. 지금은 인터넷으로 검색해도 좀처럼 나오지 않는 정도의 화제였다. 보도를 하는 쪽에서도 NASA발 뉴스가 전해질 때는 타국이 더 중요한 성과를 거둔 것은 아닌지 반드시 확인해보기를 바란다. NASA도 타국의 성과에 뉴스 시간을 뺏기고 싶지 않을 것이므로 정말 중요한 뉴스라면 타국의 우주 탐사 이벤트와 겹치지 않도록 할 것이다. NASA의 성과가 공개될 때에는 타국이 NASA가 경쟁시하는 성과를 올렸을 가능성을 확인해야 한다.

민간 최초의 달 착륙 도전

주제와 조금 벗어난 이야기이지만, 이번 이스라엘 기업 스페이스IL의 도전이 어떤 뉴스 가치를 가지고 있는지에 대해 몇 가지 설명하기로 하자.

가장 중요한 것은 민간 기업 최초의 달 착륙 시도라는 점이다. 앞에서도 이야기했지만 중력 천체에 착륙하는 것은 일본에서도 아직 시도된 적이 없는 고도의 기술로 이 책을 쓰는 시점에 달 착륙에 성공한 나라는 미국, 구소련, 중국의 3개국뿐이다. 2019년 달 착륙을 계획 중인 인도가 네 번째 나라에 이름을 올릴 수 있을지 기대를 모으고 있는 상황에서(인도는 달 탐사선 찬드라얀 2호를 2019년 7월 발사했으나 달 표면 착륙에는 실패했다-역주) 민간 기업이 달 착륙 탐사에 도전한 것이다.

이 탐사 팀은 출신 또한 매우 흥미롭다. 스페이스IL은 구글의 루나 엑스 프라이즈에 참가한 팀 중 하나였다. 구글의 루나 엑스 프라이즈는 인터넷 검색 서비스 기업인 구글이 민간의 달 탐사 진흥을 목적으로 주최하는 콘테스트로 '달에 무인 탐사선을 착륙시켜 착지 지점으로부터 500m 이상 주행하고 지정된 고해상도의 사진, 영상, 데이터를 지구로 가장 먼저 송신한 민간 탐사 팀에 2,000만 달러의 상금을 수여'한다. 당초 기한은 2015년 말이었지만 목표를 달성한 팀이 없어 2018년 3월 31일까지 연장되었다. 가까스로 연장된 기한 내에 준비를 마친 팀이 있었지만 아쉽게도 로켓 발사 단계에 이르지 못하면서 일단 종료된 기획이다.

구글 엑스 프라이즈에 참가한 34개 팀 중 5개 팀이 최종 단계까지 남았다. 그중 한 팀이 이스라엘의 스페이스IL이었던 것이다. 구글 엑스 프라이즈의 기한에는 맞추지 못했지만 독자적인 개발을 진행해 달 착륙선 베레시트(Beresheet)를 완성하고 미국의 팰컨9 로켓에 실어 쏘아 올렸다. 그 후에는 베레시트 자신의 로켓으로 무사히 달 상공에 도달해 착륙만 남은 시점에 제어 불능으로 실패하고 말았다.

다음으로 주목해야 할 점은 개발비용이다. 베레시트의 개발비용은 약 1억 달러로, 달 연착륙 계획이 1억 달러 전후로 가능한 시대가 되었다는 사실이 놀라웠다. 대형 달 착륙선 탐사 계획인 SE-LENE-2의 예산 규모는 5억~6억 달러였다. 10년 전까지만 해도 대형 착륙선이 아니어도 3억 달러 정도의 비용이 들었다. 예산을 최대한 줄인 JAXA의 소형 달 착륙선 SLIM이 1억4,000만 달러 정도였는데 베레시트는 그보다 비용을 더 낮출 수 있었던 것이다. 여기에는 지구를 벗어나기 위한 최초의 로켓에 드는 비용이 낮아진 영향이 크다.

최근 로켓 한 대에 여러 대의 위성이나 탐사선을 함께 실어 쏘아 올리는 사례가 늘고 있다. 베레시트도 인도네시아의 통신위성과 함께 발사해 비용을 줄였다. 일본에서도 대학생이 만든 소형 위성이 이런 방법을 통해 저렴한 금액으로 발사되면서 일본 우주 기술의 수준 향상에 도움이 되었다.

또 팰컨9라는 로켓은 여러 번 재사용할 수 있는 새로운 유형의 로켓이다. 재사용이 가능하도록 설계된 로켓으로 과거에는 우주왕복선이 있었다. 비행기와 같은 날개와 강력한 로켓 엔진을 갖춘 우주왕복선은 국제 우주정거장에 자재나 우주 비행사를 실어 나른 뒤 대기권으로 돌입하면 글라이더처럼 활공해 지상으로 돌아왔다. 하지만 막대한 정비비용은 물론이고 두 차례의 큰 폭발 사고로 안전한 운용을 위한 추가 비용이 필요해지면서 2011년 임무를 종료했다.

한편 팰컨9는 과거의 로켓과 똑같은 원통형 구조이다. 로켓 발사 후 분리된 상단은 우주로 보내지고 하단부는 고도의 제어 기술을 이용해 지구로 되돌아온다. 마치 발사 영상을 되감기한 것처럼 지상에 착륙한다. 스페이스IL의 달 착륙선 베레시트를 실어 우주로 쏘아 올린 팰컨9 로켓도 무사히 지상으로 돌아왔다.

팰컨9를 개발한 스페이스X사의 최고경영자(CEO) 겸 최고기술책임자(CTO) 일론 머스크(Elon Musk)는 재사용 가능한 로켓이 대량 생산되면 로켓 발사비용이 100분의 1로 줄어들 것이라고 말했다. 그리고 스페이스X사는 재사용 로켓 프로젝트로 꾸준히 성과를 내고 있다. 머지않아 수백만 달러면 달 착륙 로켓을 발사할 수 있는 시대가 올지도 모른다.

또 한 가지 주목해야 할 것은 일본에도 스페이스IL처럼 달 탐사에 도전하는 팀이 있다는 사실이다. 바로 아이스페이스사이다. 아이스페이스사는 이스라엘의 스페이스IL과 함께 구글 루나 엑스프라이즈에 마지막까지 남은 다섯 팀 중 하나인 하쿠토(Hakuto)의 모체가 된 회사이다. 아이스페이스사는 달 탐사를 포기하지 않고 2021년에 달 착륙선, 2023년에는 달 탐사차를 보낼 계획을 진행하고 있다. 이 탐사선도 스페이스X의 팰컨9에 실어 발사할 예정이다. 스페이스IL의 실패로 아이스페이스사가 민간 최초의 달 착륙 성공의 영예를 안게 될 수도 있다. 물론 이것은 단순히 1등을 다투는 경쟁이 아니라 민간 주도의 달 탐사라는 세계적인 움직임이 시작될 것인지를 결정하는 중요한 국면이다. 아이스페이스사의 멤버들도 경쟁 관계를 떠나 스페이스IL을 응원했을 것이 분명하다.

베레시트는 연착륙에 실패했지만 달 상공까지는 무사히 도달했다. 우주 탐사는 수십만 개의 부품이 정상적으로 작동하지 않으면 성공하지 못한다. 달에 도달하기까지 고진공, 온도 변화, 높은 방사선 레벨과 같은 가혹한 환경을 극복해야 한다. 소형 착륙선은 적은 연료로 효율적으로 착륙해야 하기 때문에 최대한 짧은 시간에 감속해 목표 지점에 내려야 한다. 중력이 있는 천체에 연착륙하는 것이 얼마나 어려운 기술인지 다시 한 번 강조하고 싶다. 인도에 이어 일본 아이스페이스사의 M1 그리고 JAXA의 소형 달 착륙선 SLIM도 도전할 예정이다.

베레시트의 실패 뒤에 어떤 의의가 있었는지 이해했으리라 생각한다. 착륙에는 실패했지만 달 상공에 도달한 것은 충분히 뉴스로 다루어질 가치가 있었다고 본다.

그럼에도 역시 탐사는 성공해야만 조명받는다. 성공했다면 큰 뉴스가 되는 것은 물론이고 그 후의 성과도 전 세계로 알려졌을 것이다. 우주 탐사를 실시하는 측에서는 반드시 성공시킨다는 마음가짐으로 임해야 한다. 한편 우주 탐사를 보도하는 측에서는 그 성공의 의의를 더 많은 사람들이 이해할 수 있도록 실패한 탐사에 대해서도 탐사 목적이나 실패 원인을 상세히 알려주었으면 한다.

가치관의 대전환

아메리카라는 신대륙을 개척하면서 금광이나 유전 개발로 크게 성공한 사람이 있는가 하면 새로운 사업을 기획해 크게 실패한 사람도 있을 것이다. 개척시대에는 개인의 운명뿐 아니라 국가 간의 세력 지도도 크게 변화한다.

오늘날 우주와 관련된 일이라고 하면 로켓이나 우주선을 개발하는 기술자나 우주를 연구하는 과학, 우주 비행사 등이 떠오를 것이다. 하지만 인간이 생활하는 영역이 달로, 화성으로 더 먼 우주로

남학생		여학생	
순위	희망 직업	순위	희망 직업
1	야구 선수·감독 등	1	파티셰
2	축구 선수·감독 등	2	간호사
3	의사	3	의사
4	게임 제작 관련	4	보육사
5	회사원, 사무원	5	교사
6	유튜버	6	약제사
7	건축가	7	수의사
7	교사	8	패션 디자이너
9	농구 선수·코치	9	미용사
10	과학자, 연구자	10	조산사

출전 : 일본FP협회

〈표 3〉 초등생의 장래 희망 직업

확대되면 모든 직업군이 우주로 뻗어나간다. 또 우주 시대에 새롭게 탄생하는 직업도 다수일 것이다.

〈표 3〉은 일본FP협회(Japan Association for Financial Planners)가 발표한 2018년도 초등학생의 '장래 희망 직업' 집계 결과이다. FP협회가 실시한 '꿈을 실현하는 작문 콩쿠르'에 응모한 초등학생들을 대상으로 설문조사한 내용을 집계한 자료이다. 남학생의 장래 희망 6위에 '유튜버'라는, 10년 전에는 존재하지 않았던 직업이 오른 것이 흥미롭다.

과학기술의 발달이나 사회 시스템의 변화로 지금의 아이들이 성인이 되어 갖게 될 직업 대부분이 현재는 존재하지 않는 직업이 될 것이라는 이야기가 있다. 이런 변화는 최근에 시작된 것이 아니다.

내가 어릴 때는 인터넷이 없었기 때문에 유튜버는커녕 웹디자이너나 인터넷 쇼핑몰 회사도 존재하지 않았다. 구글, 페이스북 같은 기업이 생기리라고는 상상도 하지 못했다. 휴대전화 판매점이 늘어선 상점가를 상상하는 것은 SF작가라도 어려웠을 것이다.

인류의 생활 영역이 우주로 확대되었을 때 필요한 직업은 현대인이 상상조차 하기 힘든 것일 수 있다. 그런 것은 앞으로 등장할 창조적인 발상을 지닌 천재 기업가에게 맡기고 우선은 지금 있는 직업이 우주로 확대되는 경우에 대해 생각해보자. 거기에도 성공의 열쇠는 있을 것이다.

앞선 집계 자료의 직업명 앞에 '우주'라는 단어를 넣어보자. 우주 의사, 우주 건축가 등은 이미 그와 비슷한 직업을 가진 사람들이 존재한다. 우주 패션 디자이너는 아직 없는 듯하지만 2013년경 바이크용 의류 전문 기업인 다이네즈가 NASA와 공동으로 우주복을 디자인한다는 소식이 들려오기도 했다. 우주 파티셰는 꽤 참신하지만 우주식 개발 분야가 이미 존재한다. 이발은 우주 비행사들이 직접 하고 있다고 하니 우주 미용사가 생기기까지는 시간이 조금 더 걸릴 수 있다. 우주 수의사는 모든 동물의 우주 적응력을 검토해야 하는 만큼 연구 과제가 풍부할 듯하다. 우주 조산사가 활약하는 시대야말로 본격적인 우주 시대의 개막이 아닐까.

우주 ○○라는 직업이 아직 없는 경우, 지금 시작하면 금방 그 분야의 전문가가 될 수 있다. 다만 너무 빨리 시작해도 수익을 얻기 힘들기 때문에 우주에서 돈을 벌기도 전에 파산할 가능성이 있다.

나는 3년 전쯤 초등생 대상의『달은 우리의 우주 항구(月はぼくらの宇宙港)』라는 책을 출간했다. 2017년도 청소년 독서 감상문 전국 콩쿠르의 과제 도서(중등부)로 선정되기도 했던 이 책의 주제는 달 과학과 인류의 우주 진출이었다.

그 책에서 청소년들에게 우주에서의 직업에 대해 조언한 내용은 다음과 같다. '먼저 지구에서 그 분야의 전문가가 되자. 그리고 지구에서 성공한 일을 가지고 우주로 진출하는 것이다. 물론 지구에서 성공한 직업과 다른 직업으로 우주에 진출하는 방법도 있다.' 이 책은 성인 대상이기 때문에 조금 더 날카롭게 이야기해보자.

초등학생을 대상으로 위와 같은 조언을 한 것은 먼저 지구에 관심을 갖고 제대로 집중하길 바라는 마음에서였다. 나는 우주 암석 전문가이지만 지구의 암석에도 깊은 관심을 갖고 있으며, 화산 지대와 같은 지구의 지질 지대를 적극적으로 찾아다니기도 한다. 간혹 "우주 암석에 관심이 있다"며 연구실을 찾아오는 학생이 있는데 그 학생이 우주 암석 연구에 열중할 수 있을지는 결국 지구의 암석에 흥미를 느끼는지에 달려 있다. 우주 로켓을 설계하는 사람은 페트병 로켓 연구에도 온 힘을 다할 것이며, 우주식을 개발하고 싶은 사람은 평소 먹는 음식의 영양에도 신경을 쓸 것이다. 우주라는 것에만 흥미를 느끼는 사람은 우주에 살아도 따분한 일상을 보내게 될 것이다.

'지구에서 성공한 직업과 다른 직업으로 우주에 진출하는 방법도 있다'는 내용은 최근 IT기업들의 우주 진출 활동에 대한 기대를 담은 것이다. 현재 우주 진출을 선도하는 민간 기업은 일론 머스크가 설립한 스페이스X이다. 그는 인터넷 결제 서비스 기업 페이팔의 전신이 된 회사를 창립하는 등 인터넷 사업으로 크게 성공했다. 인터넷 통신판매 기업인 아마존도 우주 로켓을 개발하고 있다. 일본도 호리에 다카후미(堀江貴文) 씨가 출자한 인터스텔라테크놀로지 사가 민간 로켓 회사로 약진하고 있다.

우주 개발이 점점 국가 주도에서 민간을 중심으로 넘어가고 있는 지금 성공한 사업가들이 우주로 눈을 돌리고 있는 흐름은 환영할 만하다. 국가 주도의 프로젝트는 수많은 관계자들의 의견을 모으는 과정에 방대한 시간과 노력이 들어간다. 국가 주도의 우주 탐사를 기획할 때는 무엇보다 '탐사 목적과 이유'를 명확히 밝히는 것이 중요하다. 유인 탐사의 경우에는 예산은 물론 안전과 인도적 관점에서 '인간을 우주로 보내야만 하는' 이유의 정리와 확인에 방대한 시간이 소요된다.

물론 이런 과정은 세금을 투입해 진행하는 프로젝트인 만큼 반드시 필요하다. 세금은 국민의 생활에 필요한 사업에 우선적으로 사용되어야 한다. 우주 탐사도 지금 당장은 이익이 없더라도 장기적으로는 국민의 이익으로 이어질 수 있는 계획이어야 한다.

한편 경영자의 의사에 의해 추진되는 우주 계획은 결단이 빠르다. IT기업의 리더가 '화성에 가고 싶다'는 생각만으로 계획을 진행시키는 모습은 명쾌하기 이를 데 없다. 실상은 주주들의 눈치를 보는 등 남모를 고생이 있을지 모르지만 우주 개발에 대한 강력한 비

전을 보여주는 것은 이제 NASA와 같은 조직이나 국가가 아닌 성
공한 기업 리더의 역할일지 모른다.

새로운 시대의 우주 개발 체제

민간 기업이 우주 탐사·개발에 뛰어들어 흥미로운 국면을 연출
하고 있다.

최근 일본의 민간 로켓 개발회사 인터스텔라테크놀로지의 활동
으로 크게 감동받은 일이 있었다. 『트랜지스터 기술』이라는 월간
지 특집 기사로 기술 정보를 공개한 것이다. 컴퓨터 기술의 진보로
진짜 로켓 기술의 일부를 집에서도 시도해볼 수 있게 되었다. 그런
기술을 아무 거리낌 없이 대중에 공개한 것이다. 현 시대의 상황을
활용한 놀라운 기획이라고 생각한다. 이런 혜택을 누리며 자라는
지금의 젊은이들이 정말 부럽다.

인터스텔라테크놀로지사의 기술자들도 NASA 등에서 공개한 정
보 덕분에 낮은 비용으로 개발할 수 있었기 때문에 경의와 감사를
표현하는 의미에서 이런 기획을 받아들인 듯하다. 현대의 교육적
정보 공유 문화가 우주 개발의 가속화를 이끌어낼 것이라는 기대
를 품게 하는 사례이다.

앞으로도 다양한 분야에서 우주 개발에 뛰어들기를 바라지만 일
반 사람들은 잘 모르는 어려움에 대해서도 이야기하고 싶다.

먼저 아웃 개싱(out-gassing) 문제가 있다. 우주의 진공 환경에서

는 접착제 등에 포함되어 있던 가스가 빠져나와 다른 물체에 달라붙을 가능성이 있다. 관측장치의 렌즈 등에 달라붙으면 관측이 어려워질 수도 있다. 이런 문제를 아웃 개싱이라고 한다. 우주 탐사선 개발에 주로 사용되는 소재에 관해서는 아웃 개싱 정보도 충분히 수집되었지만 처음 사용하는 소재는 가스가 나오는지 여부를 시험해야 한다.

시험이 끝난 소재를 사용하는 것도 간단치 않은 경우가 있다. 내가 관여했던 프로젝트에서도 카메라에 부착할 부품을 선정하는 작업이 있었다. 내가 사용하려던 부품은 과학 관측에 쓰이는 플라스틱 같은 것으로 보통 실험실에서 사용하는 손바닥에 올려놓을 수 있는 크기가 10만 엔(약 110만 원) 정도이다. 일반적인 감각으로 생각하기에 충분히 고가의 부품이다. 우주 환경에 적합한 사양을 알아보았더니 아웃 개싱 대책을 마친 제조 라인에서 만든 부품의 가격이 2,000만 엔(약 2억2,000만 원)에 달했다. 이런 예는 우주 세계에서는 드문 일이 아니다.

또 한 가지 난제는 우주 방사선이다. 제2장에서 설명했듯이 지구는 지구 자기장과 대기가 우주에서 날아오는 방사선을 막아준다. 하지만 지구를 벗어나 우주로 향하는 우주선은 강한 방사선 대책이 필요하다. 납으로 만든 두꺼운 벽 등으로 우주선을 덮는 방법도 있지만 1kg당 1억 엔(약 11억 원)의 운송비용을 생각하면 두껍고 무거운 방어벽을 그리 쉽게 채용할 수는 없다. 우주에서 사용할 기기는 애초에 방사선에 강한 부품으로 만드는 것이 일반적이다.

구체적으로 우주 방사선은 어떤 문제를 일으킬까. 가볍게는 전자회로의 오작동을 일으킬 수 있다. 아폴로 우주선이 3대의 컴퓨터에 의한 다수결 제어 방식을 택한 것은 이런 문제에 대응하기 위해서였다.

더 큰 문제로는 전자회로의 반도체 특성을 바꾸거나 파괴해버리는 경우가 있다. 전자회로뿐 아니라 카메라 렌즈의 해상도가 떨어지거나 기기의 강도를 떨어뜨리는 경우도 있다.

이런 문제가 발생하지 않도록 우주 탐사선은 철저한 방사선 대책을 마친 부품만 사용해 제조된다. 방사선 시험에는 감마선이라는 전자파를 쪼이는 시험과 고속의 원자 알갱이를 충돌시키는 입자선 시험의 두 종류가 있다. 두 시험 모두 특수한 시설이 필요하다.

감마선 시험은 코발트 60이라는 강한 방사선을 방출하는 물질 가까이에 부품을 놓고 시험한다. 코발트 60이 테러리스트에 의해 도난당하면 큰일이기 때문에 이런 물질을 취급하는 시설은 엄중히 관리되며 내부의 사진 촬영도 금지되어 있다. 입자선 시험은 사이클로트론이라고 하는 전기를 띤 입자를 거대한 전자석을 이용해 가속하는 시설에서 이루어진다(그림 29). 방대한 전력을 사용하기 때문에 2, 3일 정도의 실험에만 수백만 엔이 넘는 실험비용이 든다.

그 밖의 어려운 문제로 열 설계가 있다. 고온의 물질이 식으면서 열이 빠져나가는 방식에 대해 살펴보자. 먼저 '전도'가 있다. 고온의 물질은 그 물질을 구성하는 원자가 격렬히 진동한다. 이 진동이

〈그림 29〉 오사카대학교의 사이클로트론 시설과 저자 사이키 가즈토

옆에 붙어 있는 물질로 전달되는 현상이 '전도'이다. 다음은 '방사' 인데 이것은 뜨거운 물질이 적외선을 방출하며 에너지가 줄어들고 적외선을 맞은 물질은 그 에너지로 말미암아 열 진동이 커지는 현상이다. 진공 상태에서는 열이 전달되지 않는다고 생각하는 사람도 많지만 실제로는 진공 상태의 우주 공간에 떠 있는 지구에도 태양의 전자파로 열이 도달하는 것처럼 적외선을 통해 열이 이동한다. 또 한 가지 '대류' 현상이 있다. 먼저 전도 현상에 의해 뜨거운 물질이 공기를 데우고, 그 공기가 열에 의해 팽창하면서 주변의 공기보다 밀도가 작아져 위로 이동하고 거기에 또다시 주변의 차가운 공기가 공급된다.

우리 주변의 물질이 냉각되는 과정을 살펴보면 공기의 대류 현상을 효과적으로 이용한 예가 많다. 하지만 진공 상태의 우주 공간이나 달에서는 대류를 이용한 공랭 방식으로 장치를 식힐 수 없기 때문에 순식간에 열이 쌓이면서 장치가 고장 날 가능성이 있다.

고온에 의해 장치나 탐사선이 고장 나지 않도록 컴퓨터 시뮬레이션을 통해 온도 분포를 예측하거나 시험용 모델을 거대한 진공 용기에 넣고 전기스토브로 가열해 온도 분포의 변화를 관찰하는 열진공 시험 등도 수행한다.

이런 실험에 소요되는 비용이 탐사선이나 탐사선에 실릴 관측장비의 제조비용 대부분을 차지한다. 현재 로켓이나 우주 탐사용 기기를 개발하는 업체는 모두 이런 점을 숙지하고 있는 전문 기업이다. 우주 개발에 뛰어들고자 하는 다종다양한 업종의 종사자들은 우주의 특수성을 잘 아는 기업이나 연구자들과 먼저 상담하는 것을 강력히 추천한다.

나 역시 우주 탐사에 관한 지식이 전무한 암석 연구자였다. 하지만 JAXA의 탐사 계획에 참가하면서 우주 탐사선과 개발 방법에 대해 많은 것을 배웠다. 일본의 우주 탐사 계획에 참가하는 행성과학자는 본인이 관측하고 싶은 주제가 아니라 탐사선에 탑재하고 싶은 과학 기기를 통해 지원한다. 물론 개발에 성공하려면 JAXA 연구진의 지원도 필요하다.

JAXA의 지원을 받으려면 각 개발 단계마다 심사회를 거쳐야 한다. 이 심사회에서는 JAXA의 연구진과 행성 탐사 경험을 가진 외부 과학자들로 구성된 심사위원들이 개발 중인 기기의 설계도나 시험 결과 자료를 검토하고 문제점들을 지적한다. 서류로 정리된 수많은 질문에 적절한 답변과 해결책을 제시하지 못하면 다음 단계를 진행할 수 없는 엄격한 심사이다.

하지만 과거의 실패 사례를 모두 파악하고 있는 심사위원들의 코멘트는 우주 탐사의 노하우를 배울 수 있는 최고의 기회이다. 20년 전만 해도 일본 행성과학회에서 우주 탐사 노하우를 알고 있는 사람은 극히 소수였지만 가구야와 하야부사가 성공을 거두면서 행성과학자들의 참가가 늘고 탐사 노하우를 익힌 사람들도 점점 많아졌다. 실제 우주 탐사선이나 탑재기기를 제조하는 기업의 젊은 인재들도 이 심사회를 통해 실력을 많이 키운 듯하다.

민간 기업도 JAXA의 심사 시스템을 활용하고 있다. 아이스페이스사는 구글 루나 엑스프라이즈에 참가한 탐사차의 설계에 대해 JAXA 연구진의 심사를 받았다. 이런 과정은 개발 성공을 위한 매우 효과적인 수단이다. 민간 기업에는 민간 기업만의 장점이 있지만 우주 기관에는 과거의 탐사 경험으로 축적한 방대한 노하우가 있다. 이를 효과적으로 활용해 우주 개발에 참여하려는 기업의 실력을 향상시키는 일이 무엇보다 중요해질 것이다.

대형 우주선, 소형 우주선

대형 우주선과 소형 우주선 중 어느 쪽을 만드는 것이 더 힘들까. 예산이 많지 않은 우주 탐사 계획은 대형 로켓을 사용할 수 없기 때문에 필연적으로 소형 탐사선을 만들게 되지만 사실 소형 우주선을 만드는 것이 훨씬 어렵다.

탐사선이 작으면 주변 온도의 변화로 탐사선 전체의 온도가 금방 바뀐다. 배터리나 로켓 엔진도 작을수록 효율이 좋지 않다. 전자회로는 작게 만들수록 노이즈 대책에 취약하다. 관측기기가 많으면 공통부분의 작업에 대해 각 기기를 제조하는 팀끼리 정보 공유와 협력이 가능하지만 관측기기가 적으면 그런 효율화를 꾀할 수 없다. 물론 각 기기를 조정해야 하는 번거로움이 줄기 때문에 단점만 있는 것은 아니지만 기술적 난이도는 대체로 높아진다.

요컨대 새로운 기업이나 연구자가 우주 탐사에 뛰어들기에는 대형 탐사선이 오히려 문턱이 낮을 수 있다는 것이다.

유인 탐사의 경우에는 더욱 간단하다. 무인 탐사선은 연료 절약을 위해 장시간에 걸쳐 달로 향하기 때문에 대량의 우주 방사선을 쪼이게 된다. 유인 탐사선의 경우에는 우주 방사선에 노출되는 시간을 최대한 줄이기 위해 짧은 시간에 달에 가게 될 것이다. 자연히 관측장치의 내방사선 성능도 낮출 수 있다. 또 만일의 상황이 발생했을 때는 우주 비행사에게 간단한 수리도 맡길 수 있다. 본래 유인 탐사용 기기는 무인 탐사용보다 훨씬 높은 안전 규격을 설정하기 때문에 쉽지 않은 부분도 있을 것이다. 하지만 우주선 자체가 사람을 실어 나를 만큼 크기 때문에 소형 관측기를 시험할 기회는 무인 탐사보다 크게 늘 것이다. 유인 탐사 시대에는 새로운 기업이 참가할 수 있는 기회가 지금보다 더욱 늘어날 것이다.

발사 로켓도 마찬가지이다. 앞서 소개했듯이 대형 로켓에 여러 대의 탐사선을 실어 동시에 쏘아 올리기도 한다. 비교적 저렴한 자금으로 발사할 수 있기 때문에 학생들이 만든 위성을 발사하는 등

우주 개발의 저변을 넓히는 데도 큰 도움이 된다.

소형 로켓의 개발은 발사 기회를 늘리는 데 공헌할 것이 분명하지만 그 기회는 중견급 이상의 우주 탐사 전문가 그룹에 한정될 것이라고 생각한다. 로켓을 개발하는 경우는 작은 것부터 차근차근 성과를 쌓아가는 수밖에 없지만, 로켓에 탑재될 기기 개발에 뛰어든다면 대형 프로젝트에 편승하는 형태가 바람직하다.

인간은 왜 우주로 나가는가

애초에 인류가 우주로 진출할 필요가 있을까? 나는 다음의 세 가지 이유가 있다고 생각한다.

    (1) 인류의 존속을 위해

    (2) 생명과 우주의 기원 그리고 미래를 알기 위해

    (3) 외계 지적 생명체를 만나기 위해

(1) 인류 존속을 위해서라는 이유는 현재의 문제와 장래의 문제와 관련해 인류의 존속에 도움이 될 것이라는 의미이다.

먼저 현재의 문제에 어떻게 도움이 될 것인지에 대해 이야기해보자. 인류가 우주적인 시야를 갖게 되면 현재의 지구 환경을 조금이나마 보호할 수 있다.

앞서 소개한 우주에서 본 지구의 사진 '블루 마블'은 전 세계적으로 우주선 지구호라는 개념을 퍼뜨리며 한정된 지구 환경을 보호해야 한다는 의식을 심어주었다. 금성 탐사에서는 기온이 500℃나 되는 이유를 연구함으로써 대기 중의 온실 기체에 의한 온실 효과가 일어난다는 것을 알게 되었다.

화성 탐사에서는 화성의 모래폭풍으로 지표 온도가 내려가는 것을 관측함으로써 화산 분화로 방출된 화산재가 공중에 머물면서 전 지구적으로 기온이 내려간다는 사실을 알게 되었다. 이 발견이 냉전 시대에 미국과 구소련의 핵전쟁을 억제했다고도 전해진다. 핵전쟁으로 어느 한쪽 나라가 승리한다고 해도 핵폭발로 발생한 분진에 의해 지구 전체의 온도가 내려가면서 결국 모두 패자가 되고 말 것이라는 '핵겨울' 모델을 칼 세이건 등의 과학자들이 세상에 알렸다. 그 때문에 미국과 구소련의 수뇌가 핵미사일 버튼을 누르는 것을 주저하게 만드는 효과가 있었다는 것이다.

이처럼 우주 연구는 지구의 환경을 파괴하는 요인을 밝혀냄으로써 현재의 지구 환경을 보호하는 데 도움을 준다.

한편 장래의 문제에 도움이 된다는 것은 인류의 생활 범위가 우주로 확대되면 전 지구적 재해가 일어나더라도 생존할 수 있다는 의미이다. 공룡은 1억6,000만 년이나 번영을 누린 후 멸종했지만 인류의 역사는 고작 260만 년에 불과하다. 지금까지 지구에는 거대 운석의 충돌이나 대규모 화산 활동 등 지구 생물의 7할 이상이 사멸될 만한 사건이 적어도 다섯 차례는 일어났다. 다음에 발생할 대규모 재해로 인류가 살아남을 수 있을지는 장담하기 어렵다. 태양계 규모로 확대하면 50억 년쯤 후에는 거대화된 태양이 지구를 집어삼킬 것으로 추정하고 있다.

인류의 영속을 위해서는 한시바삐 화성을 비롯한 태양계 이곳저곳으로 생활권을 확대해야 하며 장기적으로는 다른 항성계로 이주할 필요가 있다.

(2) 생명과 우주의 기원 그리고 미래를 알기 위해서라는 것은 인류의 근원적인 욕망이 아닐까. 인류는 진화 과정에서 뇌를 발달시킴으로써 생존할 수 있었다. 우주의 이치를 알고 싶어 하는 것은 진화의 부산물일지도 모른다.

지구에서만 생명체가 탄생한 것인지, 아니면 다른 천체에도 환경 조건만 맞으면 발생할 수 있는 것인지와 같은 의문은 종교적 세계관의 뿌리에 영향을 미칠 만한 커다란 문제일 것이다. 이 문제는 수십 년 안에라도 태양계의 다른 천체에서 생명체가 발견되면서 풀리게 될지 모른다.

과학의 발달로 인간은 자신의 신체가 우주 탄생 이래 수많은 항성과 초신성의 폭발로 합성된 무수히 많은 먼지의 집합체로 이루어졌다는 것을 알게 되었다. 지구의 생명체 가운데 우주로 나가 우주를 조금이나마 이해하는 것은 오직 인류뿐이다.

(3) 외계 지적 생명체를 만나기 위해서라는 이유는 사람에 따라 찬반이 크게 갈리는 문제일 것이다. 애초에 지적 생명체는 지구에만 존재한다고 생각하는 사람도 많기 때문이다.

인류는 화석연료를 이용해 짧은 시간에 과학기술 문명을 이루었다. 하지만 산업혁명 이후 200여 년밖에 지나지 않았다. 인류가 전파를 이용해 교신하게 된 것은 불과 100년 남짓이다. 이대로 인류가 자멸하지 않고 1만 년 이상 꾸준히 발전한다면 어떤 과학기술을 성취하게 될까. 결과는 1만 년 후에야 알 수 있겠지만 마찬가지로 과학기술 문명을 이룩한 지 1만 년 이상 경과한 지적 생명체와의 첫 만남이 그리 먼 미래의 일은 아닐지 모른다. 그들은 얼마나 놀라운 지식과 관념을 갖고 있을까. 질병이나 재해 등의 모든 문제를 해결했는지도 모른다.

또한 상상을 초월하는 뛰어난 문화를 소유하고 있을 것이다. 예컨대 인간이 감상하는 많은 이야기들은 남자와 여자라는 두 가지 성이 존재하는 데서 비롯되는 드라마이다. 만약 세 가지 성의 생물이 존재한다면 어떤 이야기가 펼쳐질까.

외계 지적 생명체를 찾고 있는 연구자들 사이에서는 이미 오래전부터 육체를 버리고 인공지능(AI, Artificial Intelligence)으로서 발전을 계속하는 문명이 존재할 가능성도 검토되고 있다. 이런 생각은 인류의 과학기술이 인공지능을 만들어낼 수 있는 수준에 이르렀기 때문에 상상할 수 있는 것이다. 아직 자신이 갖고 있지 않은 과학기술은 상상조차 할 수 없을 것이다.

외계 지적 생명체와의 접촉은 과학, 철학, 종교를 비롯한 모든 가치관을 바꿔놓을 것이다. 46억 년의 과정을 거쳐 현재에 이른 인류의 사고방식에는 진화 과정의 영향이 짙게 남아 있을 것이다. 다른 천체에서 완전히 다른 진화의 과정을 거친 지적 생명체의 사고방식은 과연 인류와 어떻게 다를 것인가. 그것을 알게 된다면 인류의 지성의 기원도 밝힐 수 있을지 모른다.

지금의 인류는 외계 지적 생명체에 의해 이미 발견되었다고 해도 만날 가치도 없을 만큼 하등한 수준일지 모른다. 평화로운 사회를 유지하며 우주로 진출하는 모습을 보여줄 필요가 있다.

이야기가 지나치게 확대된 감이 없지 않지만, 지구를 떠나 우주로 한 걸음 내딛는 것으로 인류의 미래는 크게 달라질 것이다. 그 첫걸음을 내디딜 장소는 우리와 가장 가까이에 있는 달이다.

본격적으로 펼쳐질 우주 대항해 시대에 뛰어들어 가장 먼저 신대륙 '달'에 깃발을 꽂아보는 건 어떨까.

마치며

책을 쓰는 사람이라면 누구나 그렇겠지만 나는 책 한 권을 쓸 때마다 명확한 목적이 있다. '달'에 관한 책을 출간하는 것은 이번이 세 번째인데, 주제는 같지만 그 목적은 크게 다르다.

공통된 목적도 있다. 많은 독자들에게 달 탐사로 얻게 된 새로운 지식을 해설하는 것이다. 국민의 세금으로 진행되는 탐사와 연구이기 때문에 그 덕분에 얻은 지식을 사회에 환원하는 것은 가장 중요한 목적이다.

책마다 달리하는 목적은 '지식'의 환원으로 기대되는 효과이다. 달을 주제로 다룬 첫 번째 책은 『세계는 왜 달로 향하는가(世界はな

ぜ月をめざすのか)』(고단샤 블루백스, 2014년 8월)이며 두 번째는『달은 우리의 우주 항구』(신일본출판사, 2016년 10월)로 2017년도 청소년 독서 감상문 전국 콩쿠르의 과제 도서(중등부)로 선정되기도 했다. 그리고 세 번째가 바로 이 책『달은 대단하다』이다.

첫 번째 책『세계는 왜 달로 향하는가』의 목적은 지금 생각하면 거창한 야망이었던 '달 탐사 계획에 도전하는 이들을 후원하는' 것이었다. 당시 JAXA나 문부과학성 내에는 달 탐사·개발의 구상을 세우고 착실히 준비하는 사람들이 있었다. 하지만 미국의 오바마 정권은 달 탐사·개발에 부정적이었다. 한편 중국은 달 탐사·개발 계획을 순조롭게 진행하고 있었다. 중국의 유인 탐사가 현실성을 띠게 되면 당황한 미국이 유인 탐사에 뛰어들 것이라는 확신이 있었지만 그런 내 생각에 동의하는 사람은 그리 많지 않았다. 미국은 막대한 자금과 풍부한 인재가 있기 때문에 뒤늦게 달 개발에 뛰어드는 것도 가능하지만 일본은 급하게 궤도를 수정했다가는 크게 뒤처지고 말 것이다. 나는 조바심이 났다.

일개 연구자가 할 수 있는 일은 많지 않지만 이 책에서 소개했듯 일본은 여론이 하야부사2를 실현시킨 세계적으로 드문 사례가 있었다. 나는 국민들에게 과학의 성과와 장래의 우주 탐사·개발의 비전을 설명하면 우주 정책을 바꾸는 효과가 있을 것으로 기대했다. 또 2009년 예산 심사 당시 슈퍼컴퓨터 개발 예산에 대한 질의에서 무라타 렌호(村田蓮舫) 참의원 의원의 '2등이면 안 됩니까'라는 물음에 담당자가 제대로 대답하지 못했던 장면도 또렷이 기억하고 있었다. 공공의 장에서 2등으로 만족해선 안 될 이유를 설명할 최고의 기회였지만 갑작스러운 예산 심사로 준비가 충분치 못했던 것도 무리는 아니다. 하지만 우주 정책을 결정하는 과정에서 이런 식으로 정치가에게 설명할 기회를 놓치는 일이 앞으로도 많을 것이라고 생각했다. 그런 이유로 달 탐사의 중요성을 설명하기 위한 논리를 누구나 이해할 수 있는 형태로 풀어낸 것이 첫 번째 책이었다.

당시 나는 인세 수입으로 자신의 책을 구입해 달 연구자와 달 탐사 관계자들에게 나눠주었다. 내각부의 우주개발전략본부에도 10권을 보냈다. 그리고 이듬해에는 달 탐사 물결이 일 것이라고 생각했다. 당연한 결과였지만 여론이나 정책이 그렇게 쉽게 움직일 리 없었다. 실제 주변 사정이 바뀌면서 달 탐사 물결이 일기 시작한 것은 4년 후인 2018년 말 무렵이었다. 물론 내 책이 그런 물결을 일으켰다고는 생각지 않지만, 어딘가에서 미약하게나마 도움이 되었다면 고마운 일이다. 2018년에는 달 탐사 물결을 예언한 책이라며 방송과 신문사 기자들의 취재 요청이 끊이지 않았다.

두 번째 책은 초등학교 고학년부터 중학생을 대상으로 쓴 책이다. 첫 번째 책은 국가의 정책을 의식한 성인 대상의 도서였기 때문에 이번에는 순수하게 어린이들에게 과학의 훌륭함과 더불어 과학기술과 사회 시스템으로 만들어가는 밝은 미래상을 보여주고 싶은 마음을 담았다. 나 자신이 칼 세이건 박사의 저서와 텔레비전 방송을 보며 밝은 미래를 상상하고, 그런 미래를 실현하기 위해 일하는 기쁨을 느낄 수 있게 된 것에 대한 보은의 마음이기도 했다.

첫 번째 책이 복잡한 어른들의 사정을 담은 책이라면, 두 번째 책은 순진무구하고 긍정적인 마음으로 쓴 책이다. 미래에 대한 벅찬 기대를 느낄 수 있기 때문에 성인들에게도 추천한다. 어린이를 대상으로 쓴 책이다 보니 글자 크기가 커서 읽기 편하다는 성인 독자들의 호평도 있다.

그리고 세 번째가 이 책이다. 달 탐사를 향한 거센 물결은 이제 누구도 막을 수 없을 정도의 수준이 되었다. 나도 여러 건의 달 탐사 준비로 하루하루 바쁘게 보내고 있다. 그런 와중에 주오신서 편집부의 후지요시 료헤이(藤吉亮平) 씨로부터 달에 관한 책의 집필을 의뢰받았다. 새로운 달 탐사 계획이 잇따라 기획되고, 알려야 할 새로운 정보도 계속 늘고 있다. 앞으로도 달 탐사 계획을 전개하기 위한 꾸준한 노력이 필요한 상황이다. 다만 달 탐사·개발의 중요성을 선전하는 책이라면 첫 번째 책 이상의 마음가짐으로 쓰기는 힘들 것 같았다.

후지요시 씨와 논의하는 과정에서 달 탐사가 본격화되고 인류의 활동 영역이 우주로 확대되는 시대에 그 흐름을 타고 새로운 일을 시작하려는 사람들에게 도움이 될 만한 힌트를 가득 담은 책을 쓰고 싶다, 아니 그런 책이 반드시 필요하다는 생각을 갖게 되었다. 이 책은 그렇게 탄생했다. 다시 말해 이 책은 달이라는 개척지에 관한 해설서에 그치지 않고 우주라는 개척지에서 재미있는 일을

해보지 않겠느냐고 뜨겁게 권유하는 책이다. 우주가 우주 비행사나 일부 연구자들만이 활약하는 무대가 아니라는 것은 이 책을 읽은 독자라면 누구나 실감했을 것이다.

2019년은 아폴로 11호의 달 착륙 50주년을 기념하는 해라 도라에몽의 극장판 영화도 달을 무대로 한 〈도라에몽-노비타의 달 탐사기〉였다(물론 나는 보러 갔다). 실은 그 영화가 개봉하는 날에 맞춰 책을 출간하고 싶었는데 새로운 달 탐사 계획이 다수 기획되면서 그에 따른 실험과 서류 준비로 좀처럼 시간을 내지 못하는 바람에 집필이 늦어지고 말았다. 그사이 처음 편집을 담당했던 후지요시 씨가 다른 부서로 이동하게 되면서 요시다 료코(吉田亮子) 씨가 후지요시 씨를 이어 편집을 맡아주었다. 요시다 씨는 집필 속도에 대한 조정은 물론 열정이 과해 지나치게 길어진 부분이나 설명이 부족한 부분 등을 지적해주는 등 신서 양식에 맞게 내용이 적절히 배치될 수 있게 많은 도움을 받았다. 두 편집자 덕분에 이 책을 무사히 써낼 수 있었다. 감사의 마음을 전한다. 또 내 낙서나 다를 바 없는 그림을 이해하기 쉽고 매력적인 일러스트로 만들어주신 세키네 미유(関根美有) 씨에게도 감사드린다. 원고 교정, 인쇄소 등 편집 작업에 참여한 모든 분들에게 감사드린다.

그리고 가족들에게도 감사의 마음을 전한다. 최근 반년 남짓 달 탐사 업무와 집필로 주말과 휴일을 거의 써버린 탓에 가족 이벤트는 내가 억지로 데려간 도라에몽 영화 관람 정도였는데도 기쁜 마음으로 응원해준 가족들에게 감사한다.

이 책은 내가 처음 계획했던 것보다 수개월이나 늦어졌지만 덕분에 이스라엘과 인도의 달 착륙 도전, 미국의 유인 탐사 계획 취소 등의 새로운 정보를 추가할 수 있었다. 달 탐사·개발 정보는 매일 새롭게 경신되고 있다. 하지만 이 책을 읽고 달 탐사·개발에 대한 정보를 파악하는 비결을 손에 넣은 독자라면 정보의 홍수 속에서도 우주 탐사의 향방을 좌우할 귀중한 정보를 가려낼 수 있을 것이다. 언젠가 달이라는 새로운 개척지에 관련한 흥미로운 활동으로 이 책의 독자와 만나기를 고대한다.

2019년 8월 사이키 가즈토

북 가이드

　이 책을 읽고 달 탐사·개발에 흥미를 갖게 된 독자에게 추천하고
싶은 도서를 '일반인 대상 입문서', 'SF소설', '달 연구에 도전하고자
하는 연구자용'의 세 가지로 구분해 소개한다. 앞서 출간된 내 저서
도 '일반인 대상 입문서'로 추천할 만하지만 '프롤로그'에서 소개했
으므로 여기서는 생략하기로 한다.

● 일반인 대상 입문서
『우주 탐사, 어디까지 발전했는가?(宇宙探査ってどこまで進んでい
る？)』데라조노 준야(寺薗淳也) 저, 세이분도신코샤
　로켓 기술, 달 탐사, 화성 이주 계획에 이르기까지 우주 탐사에
관한 폭넓은 지식을 알기 쉽게 해설한 우주 탐사 가이드북. 내용의
질과 양은 초등학생부터 성인까지 누구나 만족할 만한 양서이다.
저자인 데라조노 씨는 연구자이자 JAXA의 홍보 담당자로서 우주
탐사 분야에 몸담아온 만큼 독자들의 눈높이에 맞춘 주제 선정과
쉽고 명쾌한 해설이 특히 뛰어나다. 우주 탐사 입문서로서 가장 추
천하고 싶은 책이다.

『천문학자가 우주인을 애타게 찾고 있습니다!(天文学者が, 宇宙人を
本気で探してます!)』나루사와 신야(鳴沢真也) 저, 요센샤
　이 책을 읽고 우주인과의 첫 만남에 흥미를 갖게 된 사람이라면

꼭 읽어보았으면 하는 책. 부분적인 다이슨 구가 관측되었다는 소동의 전말이 자세히 쓰여 있는 것 외에도 천문학자가 우주인을 찾는 방법, 우주인과 맞닥뜨렸을 때의 대응법 등을 상세히 해설한다. 최근 수년간 읽은 책 중에서 가장 설레었던 책이다.

『쉽게 이해하는 우주선과 소립자(トコトンやさしい宇宙線と素粒子の本)』야마자키 고조(山﨑耕造) 저, 닛칸코교신분샤

내가 개발하고 있는 달 탐사용 분광 카메라의 내방사선 시험을 시작하기 전에 이 책으로 우주 방사선에 대해 공부했다. 학술 논문은 아주 좁은 범위의 최첨단 지식에 대해서만 다루기 때문에 같은 이과계 연구자라도 다른 분야 종사자는 어디서부터 손을 대야 할지 난감한 경우가 많다. 그럴 때는 이 책처럼 한 분야의 지식을 폭넓게 다룬 입문서가 큰 도움이 된다. 이 책의 방사선 관련 데이터는 본문에 출전이 쓰여 있는 것 이외에는 모두 이 책에서 인용했다. 인간이 우주로 진출하려면 어떤 분야든 철저한 방사선 대책이 필요하다. 우주 환경 입문서로서 일독을 권하고 싶은 한 권이다.

● SF소설

『아르테미스』앤디 위어 저, 하야카와 문고 SF, (알에이치코리아, 2017)

영화 〈마션〉의 원작자 앤디 위어의 두 번째 장편소설. 달에 건설

된 2,000명 규모의 시민이 살아가는 도시를 무대로 펼쳐지는 이야기이다. 달 도시의 모습을 과학적인 면만이 아니라 정치나 경제에 관해서까지 다루고 있어 흥미롭다. 달에 사는 한 천재 소녀의 범죄 프로젝트를 그린 모험소설. 약간 에로틱한 묘사도 있기 때문에 초등학생들에게도 추천하는 『마션』과 달리 『아르테미스』는 중학생 이상의 연령대에게 추천한다(부모가 읽고 문제가 없다고 판단되면 중학생이 읽어도 무방하다고 생각한다).

『제6대륙(第六大陸) 1·2권』 오가와 잇스이(小川一水) 저, 하야카와 문고 JA

일본의 한 건설회사가 달에 결혼식장을 짓는다는 엉뚱한 계획을 온갖 장애를 극복해가며 실행해가는 이야기. 가구야 계획에 참가했을 당시 건설회사에 근무하는 지인의 소개로 읽고 자신감을 얻을 수 있었다. 요즘 직장 드라마라는 장르가 유행하고 있다는데 달 기지 건설이 현실성을 띠게 된 지금이야말로 드라마로 제작되면 좋을 작품이다. 참고로 제6대륙은 남극을 대신해 신대륙으로 떠오른 달을 가리키는 말이다. 내가 달을 새로운 개척지로서 일곱 번째 대륙(남극을 여섯 번째로 꼽았다)이라고 표현한 것은 오가와 씨의 착상을 차용한 것이다.

『우주 형제(宇宙兄弟)』 고야마 추야(小山宙哉) 저, 고단샤, (서울미디어코믹스, 2009)

군이 소개할 필요도 없을 만큼 유명한 우주 개발을 무대로 그린 만화. 최신 우주 탐사 정보를 가득 담은 뜨거운 인간 드라마가 전개된다. 저자에게는 꼭 감사의 인사를 전하고 싶다. 20년 전 일본의 대다수 대학생들은 우주라고 하면 우주정거장의 이미지를 떠올리는 정도일 뿐 '더는 달 탐사를 하지도 않고, 해야 할 의미도 없다'는 생각을 가지고 있었다. 그랬던 학생들의 의식이 크게 바뀌어 지금은 달이나 화성 탐사를 당연한 과제로 여기게 되었다. 여기에는 『우주 형제』의 영향이 매우 컸다. 『우주 형제』가 그려내는 세계는 많은 학생들에게 우주 탐사·개발에 대한 길잡이가 되었다.

● 달 연구에 도전하고자 하는 연구자용

『New Views of the Moon』Mineralogical Society of America

달 과학 연구 논문집(영문). 2006년 출간되었기 때문에 가구야 이후의 성과는 실려 있지 않지만 1990년대의 달 전체 탐사로 크게 진전된 달 과학의 성과가 총망라되어 있다. 최신 달 과학을 이해하기 위한 기본 지식을 익히는 데 도움이 될 것이다. 달 연구를 시작할 생각이라면 먼저 이 책의 내용을 파악해두길 바란다. 조만간 이 책의 속편(현대판)도 출간될 예정이다.

『Luna Source book: A User's Guide to the Moon』Cambridge University Press

주로 아폴로 계획 시대의 성과를 정리한, 달 과학자에게는 바이

블과 같은 논문집(영문). 달 전체에 대한 원격 탐사가 이루어지기 직전에 출간되었기 때문에 달 지질의 해석은 오래된 부분도 있다. 하지만 인류는 아폴로 계획 이후 유인 착륙 탐사를 하고 있지 않기 때문에 우주 비행사가 달에서 수집한 정보는 현재도 최신 정보이다. 앞으로 시작될 착륙 탐사나 유인 탐사에 도움이 될 정보가 가득 담겨 있다.

「LPSC abstracts」(달 행성과학회의 연구 논문)

달·행성과학회의(LPSC, Lunar and Planetary Science Conference)는 아폴로 탐사선이 달에 착륙한 해에 시작된 달 과학회의가 모체인 태양계 천체를 대상으로 다루는 세계 최대급의 과학회의이다. 매년 3월 미국에서 개최되며 달·행성 탐사의 최신 성과가 발표된다. 연구 논문이란 사전에 발표 내용의 개요를 정리한 문서로, 사전에 LPSC의 인터넷 사이트를 통해 공개되며 그 후에도 언제든 열람할 수 있다. 'LPSC 2019'와 같이 연도만 바꾸어 검색하면 각 연도의 LPSC 사이트에서 최신 달·행성 탐사의 성과를 폭넓게 찾아볼 수 있다. 다만 학술 잡지에 실리는 논문과 달리 심사 과정이 까다롭지 않기 때문에 연구 도중의 성과나 과학적 근거가 빈약한 연구도 간혹 눈에 띈다.

달은 대단하다

초판 1쇄 인쇄 2021년 5월 10일
초판 1쇄 발행 2021년 5월 15일

저자 : 사이키 가즈토
번역 : 김효진

펴낸이 : 이동섭
편집 : 이민규, 탁승규
디자인 : 조세연, 김현승, 황효주, 김형주, 김민지
영업 · 마케팅 : 송정환, 조정훈
e-BOOK : 홍인표, 서찬웅, 유재학, 최정수, 이건우, 심민섭
관리 : 이윤미

㈜에이케이커뮤니케이션즈
등록 1996년 7월 9일(제302-1996-00026호)
주소 : 04002 서울 마포구 동교로 17안길 28, 2층
TEL : 02-702-7963~5   FAX : 02-702-7988
http://www.amusementkorea.co.kr

ISBN 979-11-274-4451-8 03440

"TSUKI WA SUGOI" by Kazuto SAIKI
Copyright © 2019 Kazuto SAIKI
All rights reserved.
First published in Japan in 2019 by Chuokoron-Shinsha, Inc.

This Korean edition is published by arrangement with Chuokoron-Shinsha, Inc., Tokyo in
care of Tuttle-Mori Agency, Inc., Tokyo.

창작을 위한 아이디어 자료
AK 트리비아 시리즈

-AK TRIVIA BOOK

No. 01 도해 근접무기
오나미 아츠시 지음 | 이창협 옮김 | 228쪽 | 13,000원
근접무기, 서브 컬처적 지식을 고찰하다!
검. 도끼, 창, 곤봉, 활 등 현대적인 무기가 등
장하기 전에 사용되던 냉병기에 대한 개설
서. 각 무기의 형상과 기능, 유형부터 사용 방법은 물론 서
브컬처의 세계에서 어떤 모습으로 그려지는가에 대해서
도 상세히 해설하고 있다.

No. 02 도해 크툴루 신화
모리세 료 지음 | AK커뮤니케이션즈 편집부 옮김 | 240쪽 | 13,000원
우주적 공포, 현대의 신화를 파헤치다!
현대 환상 문학의 거장 H.P 러브크래프트의
손에 의해 창조된 암흑 신화인 크툴루 신화.
111가지의 키워드를 선정, 각종 도해와 일러스트를 통해
크툴루 신화의 과거와 현재를 해설한다.

No. 03 도해 메이드
이케가미 료타 지음 | 코트랜스 인터내셔널 옮김 |
238쪽 | 13,000원
메이드의 모든 것을 이 한 권에!
메이드에 대한 궁금증을 확실하게 해결해주
는 책. 영국, 특히 빅토리아 시대의 사회를 중심으로, 실존
했던 메이드의 삶을 보여주는 가이드북.

No. 04 도해 연금술
쿠사노 타쿠미 지음 | 코트랜스 인터내셔널 옮김 | 220쪽
| 13,000원
기적의 학문, 연금술을 짚어보다!
연금술사들의 발자취를 따라 연금술에 대해
자세하게 알아보는 책. 연금술에 대한 풍부한 지식을 쉽고
간결하게 정리하여, 체계적으로 해설하며, '진리'를 위해
모든 것을 바친 이들의 기록이 담겨있다.

No. 05 도해 핸드웨폰
오나미 아츠시 지음 | 이창협 옮김 | 228쪽 | 13,000원
모든 개인화기를 총망라!
권총, 기관총, 어설트 라이플, 머신건 등, 개
인 화기를 지칭하는 다양한 명칭들은 대체
무엇을 기준으로 하며 어떻게 붙여진 것일까? 개인 화기
의 모든 것을 기초부터 해설한다.

No. 06 도해 전국무장
이케가미 료타 지음 | 이재경 옮김 | 256쪽 | 13,000원
전국시대를 더욱 재미있게 즐겨보자!
소설이나 만화, 게임 등을 통해 많이 접할 수
있는 일본 전국시대에 대한 입문서. 무장들
의 활약상, 전국시대의 일상과 생활까지 상세히 서술. 전
국시대에 쉽게 접근할 수 있도록 구성했다.

No. 07 도해 전투기
가와노 요시유키 지음 | 문우성 옮김 | 264쪽 | 13,000원
빠르고 강력한 병기, 전투기의 모든 것!
현대전의 정점인 전투기. 역사와 로망 속의
전투기에서 최신예 스텔스 전투기에 이르기
까지, 인류의 전쟁사를 바꾸어놓은 전투기에 대하여 상세
히 소개한다.

No. 08 도해 특수경찰
모리 모토사다 지음 | 이재경 옮김 | 220쪽 | 13,000원
**실제 SWAT 교관 출신의 저자가 특수경찰의
모든 것을 소개!**
특수경찰의 훈련부터 범죄 대처법, 최첨단
수사 시스템, 기밀 작전의 아슬아슬한 부분까지 특수경찰
을 저자의 풍부한 지식으로 폭넓게 소개한다.

No. 09 도해 전차
오나미 아츠시 지음 | 문우성 옮김 | 232쪽 | 13,000원
지상전의 왕자, 전차의 모든 것!
지상전의 지배자이자 절대 강자 전차를 소개
한다. 전차의 힘과 이를 이용한 다양한 전술.
그리고 그 독특한 모습까지. 알기 쉬운 해설과 상세한 일
러스트로 전차의 매력을 전달한다.

No. 10 도해 헤비암즈
오나미 아츠시 지음 | 이재경 옮김 | 232쪽 | 13,000원
전장을 압도하는 강력한 화기, 총집합!
전장의 주역, 보병들의 든든한 버팀목인 강
력한 화기를 소개한 책. 대구경 기관총부터
유탄 발사기, 무반동총, 대전차 로켓 등, 압도적인 화력으
로 전장을 지배하는 화기에 대하여 알아보자!

No. 11 도해 밀리터리 아이템

오나미 아츠시 지음 | 이재경 옮김 | 236쪽 | 13,000원

군대에서 쓰이는 군장 용품을 완벽 해설!

이제 밀리터리 세계에 발을 들이는 입문자들을 위해 '군장 용품'에 대해 최대한 알기 쉽게 다루는 책. 세부적인 사항에 얽매이지 않고, 상식적으로 갖추어야 할 기초지식을 중심으로 구성되어 있다.

No. 12 도해 악마학

쿠사노 타쿠미 지음 | 김문광 옮김 | 240쪽 | 13,000원

악마에 대한 모든 것을 담은 총집서!

악마학의 시작부터 현재까지의 그 연구 및 발전 과정을 한눈에 알아볼 수 있도록 구성한 책. 단순한 흥미를 뛰어넘어 영적이고 종교적인 지식의 깊이까지 더할 수 있는 내용으로 구성.

No. 13 도해 북유럽 신화

이케가미 료타 지음 | 김문광 옮김 | 228쪽 | 13,000원

세계의 탄생부터 라그나로크까지!

북유럽 신화의 세계관, 등장인물, 여러 신과 영웅들이 사용한 도구 및 마법에 대한 설명까지! 당시 북유럽 국가들의 생활상을 통해 북유럽 신화에 대한 이해도를 높일 수 있도록 심층적으로 해설한다.

No. 14 도해 군함

다카하라 나루미 외 1인 지음 | 문우성 옮김 | 224쪽 | 13,000원

20세기의 전함부터 항모, 전략 원잠까지!

군함에 대한 입문서. 종류와 개발사, 구조, 제원 등의 기본부터, 승무원의 일상, 정비 비용까지 어렵게 여겨질 만한 요소를 도표와 일러스트로 쉽게 해설한다.

No. 15 도해 제3제국

모리세 료 외 1인 지음 | 문우성 옮김 | 252쪽 | 13,000원

나치스 독일 제3제국의 역사를 파헤친다!

아돌프 히틀러 통치하의 독일 제3제국에 대한 개론서. 나치스가 권력을 장악한 과정부터 조직 구조, 조직을 이끈 핵심 인물과 상호 관계와 갈등, 대립 등, 제3제국의 역사에 대해 해설한다.

No. 16 도해 근대마술

하니 레이 지음 | AK커뮤니케이션즈 편집부 옮김 | 244쪽 | 13,000원

현대 마술의 개념과 원리를 철저 해부!

마술의 종류와 개념, 이름을 남긴 마술사와 마술 단체, 마술에 쓰이는 도구 등을 설명한다. 겉핥기식의 설명이 아닌, 역사와 각종 매체 속에서 마술이 어떤 영향을 주었는지 심층적으로 해설하고 있다.

No. 17 도해 우주선

모리세료 외 1인지음 | 이재경 옮김 | 240쪽 | 13,000원

우주를 꿈꾸는 사람들을 위한 추천서!

우주공간의 과학적인 설명은 물론, 우주선의 태동에서 발전의 역사, 재질, 발사와 비행의 원리 등, 어떤 원리로 날아다니고 착륙할 수 있는지, 자세한 도표와 일러스트를 통해 해설한다.

No. 18 도해 고대병기

미즈노 히로키 지음 | 이재경 옮김 | 224쪽 | 13,000원

역사 속의 고대병기, 집중 조명!

지혜와 과학의 결정체, 병기. 그중에서도 고대의 병기를 집중적으로 조명. 단순한 병기의 나열이 아닌, 각 병기의 탄생 배경과 활약상, 계보, 작동 원리 등을 상세하게 다루고 있다.

No. 19 도해 UFO

사쿠라이 신타로 지음 | 서형주 옮김 | 224쪽 | 13,000원

UFO에 관한 모든 지식과, 그 허와 실.

첫 번째 공식 UFO 목격 사건부터 현재까지, 세계를 떠들썩하게 만든 모든 UFO 사건을 다룬다. 수많은 미스터리는 물론, 종류, 비행 패턴 등 UFO에 관한 모든 지식들을 알기 쉽게 정리했다.

No. 20 도해 식문화의 역사

다카하라 나루미 지음 | 채다인 옮김 | 244쪽 | 13,000원

유럽 식문화의 변천사를 조명한다!

중세 유럽을 중심으로, 음식문화의 변화를 설명한다. 최초의 조리 역사부터 식재료, 예절, 지역별 선호메뉴까지, 시대상황과 분위기, 사람들의 인식이 어떠한 영향을 끼쳤는지 흥미로운 사실을 다룬다.

No. 21 도해 문장

신노 케이 지음 | 기미정 옮김 | 224쪽 | 13,000원

역사와 문화의 시대적 상징물, 문장!

기나긴 역사 속에서 문장이 어떻게 만들어졌고, 어떤 도안들이 이용되었는지, 발전 과정과 유럽 역사 속 위인들의 문장이나 특징적인 문장의 인물에 대해 설명한다.

No. 22 도해 게임이론

와타나베 타카히로 지음 | 기미정 옮김 | 232쪽 | 13,000원

이론과 실용 지식을 동시에!

죄수의 딜레마, 도덕적 해이, 제로섬 게임 등 다양한 사례 분석과 알기 쉬운 해설을 통해, 누구나가 쉽고 직관적으로 게임이론을 이해하고 현실에 적용할 수 있도록 도와주는 최고의 입문서.

No. 23 도해 단위의 사전
호시다 타다히코 지음 | 문우성 옮김 | 208쪽 | 13,000원
세계를 바라보고, 규정하는 기준이 되는 단위를 풀어보자!
전 세계에서 사용되는 108개 단위의 역사와 사용 방법 등을 해설하는 본격 단위 사전. 정의와 기준, 유래, 측정 대상 등을 명쾌하게 해설한다.

No. 24 도해 켈트 신화
이케가미 료타 지음 | 곽형준 옮김 | 264쪽 | 13,000원
쿠 홀린과 핀 막 쿨의 세계!
켈트 신화의 세계관, 각 설화와 전설의 주요 등장인물들! 이야기에 따라 내용뿐만 아니라 등장인물까지 뒤바뀌는 경우도 있는데, 그런 특별한 사항까지 다루어, 신화의 읽는 재미를 더한다.

No. 25 도해 항공모함
노가미 아키토 외 1인 지음 | 오광웅 옮김 | 240쪽 | 13,000원
군사기술의 결정체, 항공모함 철저 해부!
군사력의 상징이던 거대 전함을 과거의 유물로 전락시킨 항공모함. 각 국가별 발달의 역사와 임무, 영향력에 대한 광범위한 자료를 한눈에 파악할 수 있다.

No. 26 도해 위스키
츠치야 마모루 지음 | 기미정 옮김 | 192쪽 | 13,000원
위스키, 이제는 제대로 알고 마시자!
다양한 음용법과 글라스의 차이, 바 또는 집에서 분위기 있게 마실 수 있는 방법까지, 위스키의 맛을 한층 돋아주는 필수 지식이 가득! 세계적인 위스키 평론가가 전하는 입문서의 결정판.

No. 27 도해 특수부대
오나미 아츠시 지음 | 오광웅 옮김 | 232쪽 | 13,000원
불가능이란 없다! 전장의 스페셜리스트!
특수부대의 탄생 배경, 종류, 규모, 각종 임무, 그들만의 특수한 장비. 어떠한 상황에서도 살아남기 위한 생존 기술까지 모든 것을 보여주는 책. 왜 그들이 스페셜리스트인지 알게 될 것이다.

No. 28 도해 서양화
다나카 쿠미코 지음 | 김상호 옮김 | 160쪽 | 13,000원
서양화의 변천사와 포인트를 한눈에!
르네상스부터 근대까지, 시대를 넘어 사랑받는 명작 84점을 수록. 각 작품들의 배경과 특징, 그림에 담겨있는 비유적 의미와 기법 등, 감상 포인트를 명쾌하게 해설하였으며, 더욱 깊은 이해를 위한 역사와 종교 관련 지식까지 담겨있다.

No. 29 도해 갑자기 그림을 잘 그리게 되는 법
나카야마 시게노부 지음 | 이연희 옮김 | 204쪽 | 13,000원
멋진 일러스트의 초간단 스킬 공개!
투시도와 원근법만으로, 멋지고 입체적인 일러스트를 그릴 수 있는 방법! 그림에 대한 재능이 없다 생각 말고 읽어보자. 그림이 극적으로 바뀔 것이다.

No. 30 도해 사케
키미지마 사토시 지음 | 기미정 옮김 | 208쪽 | 13,000원
사케를 더욱 즐겁게 마셔 보자!
선택 법, 온도, 명칭, 안주와의 궁합, 분위기 있게 마시는 법 등, 사케의 맛을 한층 더 즐길 수 있는 모든 지식이 담겨 있다. 일본 요리의 거장이 전해주는 사케 입문서의 결정판.

No. 31 도해 흑마술
쿠사노 타쿠미 지음 | 곽형준 옮김 | 224쪽 | 13,000원
역사 속에 실존했던 흑마술을 총망라!
악령의 힘을 빌려 행하는 사악한 흑마술을 총망라한 책. 흑마술의 정의와 발전, 기본 법칙을 상세히 설명한다. 또한 여러 국가에서 행해졌던 흑마술 사건들과 관련 인물들을 소개한다.

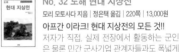
No. 32 도해 현대 지상전
모리 모토사다 지음 | 정은택 옮김 | 220쪽 | 13,000원
아프간 이라크! 현대 지상전의 모든 것!!
저자가 직접, 실제 전장에서 활동하는 군인은 물론 민간 군사기업 관계자들과도 폭넓게 교류하면서 얻은 정보들을 아낌없이 공개한 책. 현대전에 투입되는 지상전의 모든 것을 해설한다.

No. 33 도해 건파이트
오나미 아츠시 지음 | 송명규 옮김 | 232쪽 | 13,000원
총격전에서 일어나는 상황을 파헤친다!
영화, 소설, 애니메이션 등에서 볼 수 있는 총격전. 그 장면들은 진짜일까? 실전에서는 총기를 어떻게 다루고, 어디에 몸을 숨겨야 할까. 자동차 추격전에서의 대처법 등 건 액션의 핵심 지식.

No. 34 도해 마술의 역사
쿠사노 타쿠미 지음 | 김진아 옮김 | 224쪽 | 13,000원
마술의 탄생과 발전 과정을 알아보자!
고대에서 현대에 이르기까지 마술은 문화의 발전과 함께 널리 퍼져나갔으며, 다른 마술과 접촉하면서 그 깊이를 더해왔다. 마술의 발생시기와 장소, 변모 등 역사와 개요를 상세히 소개한다.

No. 35 도해 군용 차량

노가미 아키토 지음 | 오광웅 옮김 | 228쪽 | 13,000원

지상의 왕자, 전차부터 현대의 바퀴달린 사역 마까지!!

전투의 핵심인 전투 차량부터 눈에 띄지 않는 무대에서 묵묵히 임무를 다하는 각종 지원 차량까지. 각자 맡은 임무에 충실하도록 설계되고 고안된 군용 차량만의 다채로운 세계를 소개한다.

No. 36 도해 첩보·정찰 장비

사카모토 아키라 지음 | 문성호 옮김 | 228쪽 | 13,000원

승리의 열쇠 정보! 정보전의 모든 것!

소음총, 소형 폭탄, 소형 카메라 및 통신기 등 영화에나 등장할 법한 첩보원들의 특수 장비부터 정찰 위성에 이르기까지 첩보 및 정찰 장비들을 400점의 사진과 일러스트로 설명한다.

No. 37 도해 세계의 잠수함

사카모토 아키라 지음 | 류재학 옮김 | 242쪽 | 13,000원

바다를 지배하는 침묵의 자객, 잠수함.

잠수함은 두 번의 세계대전과 냉전기를 거쳐, 최첨단 기술로 최신 무장시스템을 갖추어왔다. 원리와 구조, 승조원의 훈련과 임무, 생활과 전투 방법 등을 사진과 일러스트로 철저히 해부한다.

No. 38 도해 무녀

토키타 유스케 지음 | 송명규 옮김 | 236쪽 | 13,000원

무녀와 샤머니즘에 관한 모든 것!

무녀의 기원부터 시작하여 일본의 신사에서 치르고 있는 각종 의식, 그리고 델포이의 무녀, 한국의 무당을 비롯한 세계의 샤머니즘과 각종 종교를 106가지의 소주제로 분류하여 해설한다!

No. 39 도해 세계의 미사일 로켓 병기

사카모토 아키라 | 유병준·김성훈 옮김 | 240쪽 | 13,000원

ICBM부터 THAAD까지!

현대전의 진정한 주역이라 할 수 있는 미사일. 보병이 휴대하는 대전차 로켓부터 공대공 미사일, 대륙간 탄도탄, 그리고 근래 들어 언론의 주목을 받고 있는 ICBM과 THAAD까지 미사일의 모든 것을 해설한다!

No. 40 독과 약의 세계사

후나야마 신지 지음 | 진정숙 옮김 | 292쪽 | 13,000원

독과 약의 차이란 무엇인가?

화학물질을 어떻게 하면 유용하게 활용할 수 있는가 하는 것은 인류에 있어 중요한 과제 가운데 하나라 할 수 있다. 독과 약의 역사, 그리고 우리 생활과의 관계에 대하여 살펴보도록 하자.

No. 41 영국 메이드의 일상

무라카미 리코 지음 | 조아라 옮김 | 460쪽 | 13,000원

빅토리아 시대의 아이콘 메이드!

가사 노동자이며 직장 여성의 최대 다수를 차지했던 메이드의 일과 생활을 통해 영국의 다른 면을 살펴본다. 『엠마 빅토리안 가이드』의 저자 무라카미 리코의 빅토리안 시대 안내서.

No. 42 영국 집사의 일상

무라카미 리코 지음 | 기미정 옮김 | 292쪽 | 13,000원

집사, 남성 가사 사용인의 모든 것!

Butler, 즉 집사로 대표되는 남성 상급 사용인. 그들은 어떠한 일을 했으며 어떤 식으로 하루를 보냈을까? 『엠마 빅토리안 가이드』의 저자 무라카미 리코의 빅토리안 시대 안내서 제2탄.

No. 43 중세 유럽의 생활

가와하라 아쓰시 외 1인 지음 | 남지연 옮김 | 260쪽 | 13,000원

새롭게 조명하는 중세 유럽 생활사

철저히 분류되는 중세의 신분. 그 중 「일하는 자」의 일상생활은 어떤 것이었을까? 각종 도판과 사료를 통해, 중세 유럽에 대해 알아보자.

No. 44 세계의 군복

사카모토 아키라 지음 | 진정숙 옮김 | 130쪽 | 13,000원

세계 각국 군복의 어제와 오늘!!

형태와 기능이 절묘하게 융합된 의복인 군복. 제2차 세계대전에서 현대에 이르기까지, 각국의 전투복과 정복 그리고 각종 장구류와 계급장, 훈장 등. 군복만의 독특한 매력을 느껴보자!

No. 45 세계의 보병장비

사카모토 아키라 지음 | 이상언 옮김 | 234쪽 | 13,000원

현대 보병장비의 모든 것!

군에 있어 가장 기본이 되는 보병 개인화기, 전투복, 군장, 전투식량, 그리고 미래의 장비까지. 제2차 세계대전 이후 눈부시게 발전한 보병 장비와 현대전에 있어 보병이 지닌 의미에 대하여 살펴보자.

No. 46 해적의 세계사

모모이 지로 지음 | 김효진 옮김 | 280쪽 | 13,000원

「영웅」인가, 「공적」인가?

지중해, 대서양, 카리브해, 인도양에서 활동했던 해적을 중심으로, 영웅이자 약탈자, 정복자, 야심가 등 여러 시대에 걸쳐 등장했던 다양한 해적들이 세계사에 남긴 발자취를 더듬어본다.

No. 47 닌자의 세계
야마키타 아츠시 지음 | 송명규 옮김 | 232쪽 | 13,000원
실제 닌자의 활약을 살펴본다!
어떠한 임무라도 완수할 수 있도록 닌자는 온
갖 지혜를 짜내며 궁극의 도구와 인술을 만들
어냈다. 과연 닌자는 역사 속에서 어떤 활약을 펼쳤을까.

No. 48 스나이퍼
오나미 아츠시 지음 | 이상언 옮김 | 240쪽 | 13,000원
스나이퍼의 다양한 장비와 고도의 테크닉!
아군의 절체절명 위기에서 한 끗 차이의 절묘
한 타이밍으로 전세를 역전시키기도 하는 스
나이퍼의 세계를 알아본다.

No. 49 중세 유럽의 문화
이케가미 쇼타 지음 | 이은수 옮김 | 256쪽 | 13,000원
심오하고 매력적인 중세의 세계!
기사, 사제와 수도사, 음유시인에 숙녀, 그리
고 농민과 상인과 기술자들. 중세 배경의 판
타지 세계에서 자주 보았던 그들의 리얼한 생활을 풍부한
일러스트와 표로 이해한다!

No. 50 기사의 세계
이케가미 슌이치 지음 | 남지연 옮김 | 232 쪽 | 15,000 원
중세 유럽 사회의 주역이었던 기사!
기사들은 과연 무엇을 위해 검을 들었는가.
지향하는 목표는 무엇이었는가. 기사의 탄생
에서 몰락까지, 역사의 드라마를 따라가며 그 진짜 모습을
파헤친다.

No. 51 영국 사교계 가이드
무라카미 리코 지음 | 문성호 옮김 | 216쪽 | 15,000원
19세기 영국 사교계의 생생한 모습!
당시에 많이 출간되었던 「에티켓 북」의 기술
을 바탕으로, 빅토리아 시대 중류 여성들의
사교 생활을 알아보며 그 속마음까지 들여다본다.

No. 52 중세 유럽의 성채 도시
가이하쓰샤 지음 | 김진희 옮김 | 232 쪽 | 15,000 원
견고한 성벽으로 도시를 둘러싼 성채 도시!
성채 도시는 시대의 흐름에 따라 문화, 상업,
군사 면에서 진화를 거듭한다. 궁극적인 기
능미의 집약체였던 성채 도시의 주민 생활상부터 공성전
무기, 전술까지 상세하게 알아본다.

No. 53 마도서의 세계
쿠사노 타쿠미 지음 | 남지연 옮김 | 236쪽 | 15,000원
마도서의 기원과 비밀!
천사와 악마 같은 영혼을 소환하여 자신의
소망을 이루는 마도서의 원리를 설명한다.

No. 54 영국의 주택
야마다 카요코 외 지음 | 문성호 옮김 | 252쪽 | 17,000원
영국인에게 집은 「물건」이 아니라 「문화」다!
영국 지역에 따른 집들의 외관 특징. 건축 양
식, 재료 특성, 각종 주택 스타일을 상세하게
설명한다.

No. 55 발효
고이즈미 다케오 지음 | 장현주 옮김 | 224쪽 | 15,000원
미세한 거인들의 경이로운 세계!
세계 각지 발효 문화의 놀라운 신비와 의의
를 살펴본다. 발효를 발전시켜온 인간의 깊
은 지혜와 훌륭한 발상이 보일 것이다.

No. 56 중세 유럽의 레시피
코스트마리 사무국 슈 호카 지음 | 김효진 옮김 | 164쪽
| 15,000원
간단하게 중세 요리를 재현!
당시 주로 쓰였던 향신료, 허브 등 중세 요리
에 대한 풍부한 지식은 물론 더욱 맛있게 즐길 수 있는 요
리법도 함께 소개한다.

No. 57 알기 쉬운 인도 신화
천축 기담 지음 | 김진희 옮김 | 228 쪽 | 15,000 원
전쟁과 사랑 속의 인도 신들!
강렬한 개성이 충돌하는 무아와 혼돈의 이야
기를 담았다. 2대 서사시 「라마야나」와 「마하
바라타」의 세계관부터 신들의 특징과 일화에
이르는 모든 것을 파악한다.

No. 58 방어구의 역사
다카히라 나루미 지음 | 남지연 옮김 | 244 쪽 | 15,000원
역사에 남은 다양한 방어구!
기원전 문명의 아이템부터 현대의 방어구인
헬멧과 방탄복까지 그 역사적 변천과 특색 ·
재질 · 기능을 망라하였다.

No. 59 마녀 사냥
모리시마 쓰네오 지음 | 김진희 옮김 | 244쪽 | 15,000원
중세 유럽의 잔혹사!
15~17세기 르네상스 시대에 서구 그리스
도교 국가에서 휘몰아친 '마녀사냥'의 광
풍. 중세 마녀사냥의 실상을 생생하게 드러낸다.

No. 60 노예선의 세계사
후루가와 마사히로 지음 | 김효진 옮김 | 256쪽 | 15,000원
400년 남짓 대서양에서 자행된 노예무역!
1000만 명에 이르는 희생자를 낸 노예무
역. '이동 감옥'이나 다름없는 노예선 바닥
에서 다시 한 번 근대를 돌이켜본다.

No. 61 말의 세계사
모토무라 료지 지음 | 김효진 옮김 | 288쪽 | 15,000원
역사로 보는 인간과 말의 관계!
인간과 말의 만남은 역사상 최대급의 충격
이었다고 해도 과언이 아니다. 전쟁, 교역,
세계 제국…등의 역사 속에서, 말이 세계
사를 어떻게 바꾸었는지 조명해본다.

환상 네이밍 사전
신키겐샤 편집부 지음 | 유진원 옮김 | 288쪽 | 14,800원
의미 없는 네이밍은 이제 그만!
운명은 프랑스어로 무엇이라고 할까? 독일어,
일본어로는? 중국어로는? 더 나아가 이탈리아
어, 러시아어, 그리스어, 라틴어, 아랍어에 이르
기까지. 1,200개 이상의 표제어와 11개국어, 13,000개 이
상의 단어를 수록!!

중2병 대사전
노무라 마사타카 지음 | 이재경 옮김 | 200쪽 | 14,800원
이 책을 보는 순간, 당신은 이미 궁금해하고 있다!
사춘기 청소년이 행동할 법한 손발이 오그라드
는 행동이나 사고를 뜻하는 중2병. 서브컬처 작
품에 자주 등장하는 중2병의 의미와 기원 등, 102개의 항목
에 대해 해설과 칼럼을 곁들여 알기 쉽게 설명 한다.

크툴루 신화 대사전
고토 카츠 외 1인 지음 | 곽형준 옮김 | 192쪽 | 13,000원
신화의 또 다른 매력, 무한한 가능성!
H.P. 러브크래프트를 중심으로 여러 작가들의
설정이 거대한 세계관으로 자리잡은 크툴루 신
화. 현대 서브 컬처에 지대한 영향을 끼치고 있다. 대중 문화
속에 알게 모르게 자리 잡은 크툴루 신화의 요소를 설명하는
본격 해설서.

문양박물관
H. 돌메치 지음 | 이지은 옮김 | 160쪽 | 8,000원
세계 문양과 장식의 정수를 담다!
19세기 독일에서 출간된 H.돌메치의 『장식의
보고』를 바탕으로 제작된 책이다. 세계 각지의
문양 장식을 소개한 이 책은 이론보다 실용에
초점을 맞춘 입문서. 화려하고 아름다운 전 세계의 문양을 수
록한 실용적인 자료집으로 손꼽힌다.

고대 로마군 무기·방어구·전술 대전
노무라 마사타카 외 3인 지음 | 기미정 옮김 | 224쪽 | 13,000원
위대한 정복자, 고대 로마군의 모든 것!
부대의 편성부터 전술, 장비 등, 고대 최강의 군
대라 할 수 있는 로마군이 어떤 집단이었는지
상세하게 분석하는 해설서. 압도적인 군사력으로 세계를 석
권한 로마 제국. 그 힘의 전모를 철저하게 검증한다.

도감 무기 갑옷 투구
이치카와 사다하루 외 3인 지음 | 남지연 옮김 | 448쪽 | 29,000원
역사를 망라한 궁극의 군장도감!
고대로부터 무기는 당시 최신 기술의 정수와 함
께 철학과 문화, 신념이 어우러져 완성되었다.
이 책은 그러한 무기들의 기능, 원리, 목적 등과 그 기
원과 발전 양상 등을 그림과 표를 통해 알기 쉽게 설명하고
있다. 역사상 실재한 무기와 갑옷, 투구들을 통사적으로 살펴
보자!

중세 유럽의 무술, 속 중세 유럽의 무술
오사다 류타 지음 | 남유리 옮김 |
각 권 672쪽~624쪽 | 각 권 29,000원
본격 중세 유럽 무술 소개서!
막연하게만 떠오르는 중세 유럽~르네상스 시
대에 활약했던 검술과 격투술의 모든 것을 담은
책. 영화 등에서나 접할 수 있었던 유럽 중세시
대 무술의 기본이념과 자세, 방어, 보법부터, 시
대를 풍미한 각종 무술까지, 일러스트를 통해
알기 쉽게 설명한다.

최신 군용 총기 사전
토코이 마사미 지음 | 오광웅 옮김 | 564쪽 | 45,000원
세계 각국의 현용 군용 총기를 총망라!
주로 군용으로 개발되었거나 군대 또는 경찰의
대테러부대처럼 중무장한 조직에 배치되어 사
용되고 있는 소화기가 중점적으로 수록되어 있으며, 이외에
도 각 제작사에서 국제 군수시장에 수출할 목적으로 개발, 시
제품만이 소수 제작되었던 총기류도 함께 실려 있다.

초패미컴, 초초패미컴
타네 키요시 외 2인 지음 | 문성호 외 1인 옮김 |
각 권 360, 296쪽 | 각 권 14,800원
게임은 아직도 패미컴을 넘지 못했다!
패미컴 탄생 30주년을 기념하여, 1983년 『동
키콩』 부터 시작하여, 1994년 『타카하시 명인
의 모험도 Ⅳ』까지 총 100여 개의 작품에 대한
리뷰를 담은 영구 소장판. 패미컴과 함께했던
아련한 추억을 간직하고 있는 모든 이들을 위한
책이다.

초쿠소게 1,2
타네 키요시 외 2인 지음 | 문성호 옮김 |
각 권 224, 300쪽 | 각 권 14,800원
망작 게임들의 숨겨진 매력을 재조명!
『쿠소게クソゲ-』 란 '똥-クソ'과 '게임-Game'의
합성어로, 어감 그대로 정말 못 만들고 재미없
는 게임을 지칭할 때 사용되는 조어이다. 우리
말로 바꾸면 망작 게임 정도가 될 것이다. 레트
로 게임에서부터 플레이스테이션3까지 게이머
들의 기대를 보란듯이 저버렸던 수많은 쿠소게
들을 총망라하였다.

초에로게, 초에로게 하드코어
타네 키요시 외 2인 지음 | 이윤수 옮김 |
각 권 276쪽, 280쪽 | 각 권 14,800원
명작 18금 게임 총출동!
에로게란 '에로-エロ'와 '게임-Game'의 합성어
로, 말 그대로 성적인 표현이 담긴 게임을 지칭
한다. '에로게 헌터'라 자처하는 베테랑 저자들
의 엄격한 심사(?)를 통해 선정된 '명작 에로게'
들에 대한 본격 리뷰집!!

세계의 전투식량을 먹어보다
키쿠즈키 토시유키 지음 | 오광웅 옮김 | 144쪽 | 13,000원
전투식량에 관련된 궁금증을 한권으로 해결!
전투식량이 전장에서 자리를 잡아가는 과정과, 미국의 독립전쟁부터 시작하여 역사 속 여러 전쟁의 전투식량 배급 양상을 살펴보는 책. 식품부터 식기까지. 수많은 전쟁 속에서 전투식량이 어떠한 모습으로 등장하였고 병사들은 이를 어떻게 취식하였는지, 흥미진진한 역사를 소개하고 있다.

민족의상 1,2
오귀스트 라시네 지음 | 이지은 옮김 | 각 권 160쪽 | 각 8,000원
화려하고 기품 있는 색감!!
디자이너 오귀스트 라시네의 『복식사』 전 6권 중에서 민족의상을 다룬 부분을 바탕으로 제작되었다. 당대에 정점에 올랐던 석판 인쇄 기술로 완성되어, 시대가 흘렀음에도 그 세세하고 풍부하고 아름다운 색감이 주는 감동은 여전히 빛을 발한다.

세계장식도 I, II
오귀스트 라시네 지음 | 이지은 옮김 | 각 권 160쪽 | 각 권 8,000원
공예 미술계 불후의 명작을 농축한 한 권!
19세기 프랑스에서 가장 유명한 디자이너였던 오귀스트 라시네의 대표 저서 『세계장식 도집성』에서 인상적인 부분을 뽑아내 콤팩트하게 정리한 다이제스트판. 공예 미술의 각 분야를 포괄하는 내용을 담은 책으로, 방대한 예시를 더욱 정교하게 소개한다.

중세 유럽의 복장
오귀스트 라시네 지음 | 이지은 옮김 | 160쪽 | 8,000원
고품격 유럽 민족의상 자료집!!
19세기 프랑스의 유명한 디자이너 오귀스트 라시네가 직접 당시의 민족의상을 그린 자료집. 유럽 각지에서 사람들이 실제로 입었던 민족의상의 모습을 그대로 풍부하게 수록하였다. 각 나라의 특색과 문화가 담겨 있는 민족의상을 감상할 수 있다.

서양 건축의 역사
사토 다쓰키 지음 | 조민경 옮김 | 264쪽 | 14,000원
서양 건축사의 결정판 가이드 북!
건축의 역사를 살펴보는 것은 당시 사람들의 의식을 들여다보는 것과 같다. 이 책은 고대에서 중세, 르네상스기로 넘어오며 탄생한 다양한 양식들을 당시의 사회, 문화, 기후, 토질 등을 바탕으로 해설하고 있다.

그림과 사진으로 풀어보는 **이상한 나라의 앨리스**
구와바라 시게오 지음 | 조민경 옮김 | 248쪽 | 14,000원
매혹적인 원더랜드의 논리를 완전 해설!
산업 혁명을 통한 눈부신 문명의 발전과 그 그늘. 도덕주의와 엄숙주의, 위선과 허영이 병존하던 빅토리아 시대는 『원더랜드』의 탄생과 그 배경으로 어떻게 작용하였을까? 순진 무구한 소녀 앨리스가 우연히 발을 들인 기묘한 세상의 완전 가이드북!!

세계의 건축
코우다 미노루 외 1인 지음 | 조민경 옮김 | 256쪽 | 14,000원
고품격 건축 일러스트 자료집!
시대를 망라하여, 건축물의 외관 및 내부의 장식을 정밀한 일러스트로 소개한다. 흔히 보이는 풍경이나 딱딱한 도시의 건축물이 아닌, 고풍스러운 건물들을 섬세하고 세밀한 선화로 표현하여 만화, 일러스트 자료에 최적화된 형태로 수록하고 있다.

그림과 사진으로 풀어보는 **알프스 소녀 하이디**
지바 가오리 외 지음 | 남지연 옮김 | 224쪽 | 14,000원
하이디를 통해 살펴보는 19세기 유럽사!
『하이디』라는 작품을 통해 19세기 말의 스위스를 알아본다. 또한 원작자 슈피리의 생애를 교차시켜 『하이디』의 세계를 깊이 파고든다. 『하이디』를 읽을 사람은 물론, 작품을 보다 깊이 감상하고 싶은 사람에게 있어 좋은 안내서가 되어줄 것이다.

지중해가 낳은 천재 건축가
-안토니오 가우디
이리에 마사유키 지음 | 김진아 옮김 | 232쪽 | 14,000원
천재 건축가 가우디의 인생, 그리고 작품
19세기 말~20세기 초의 카탈루냐 지역 및 그의 작품들이 지어진 바르셀로나의 지역사, 그리고 카사 바트요, 구엘 공원, 사그라다 파밀리아 성당 등의 작품들을 통해 안토니오 가우디의 생애를 본격적으로 살펴본다.

영국 귀족의 생활
다나카 료조 지음 | 김상호 옮김 | 192쪽 | 14,000원
영국 귀족의 우아한 삶을 조명한다
현대에도 귀족제도가 남아있는 영국, 귀족이 영국 사회에서 어떠한 의미를 가지고 또 기능하는지, 상세한 설명과 사진자료를 통해 귀족 특유의 화려함과 고상함의 이면에 자리 잡은 책임과 무게, 귀족의 삶 깊숙한 곳까지 스며든 '노블레스 오블리주'의 진정한 의미를 알아보자.

요리 도감
오치 도요코 지음 | 김세원 옮김 | 384쪽 | 18,000원
요리는 힘! 삶의 저력을 키워보자!!
이 책은 부모가 자식에게 조곤조곤 알려주는 요
리 조언집이다. 처음에는 요리가 서툴고 다소
귀찮게 느껴질지 모르지만, 약간의 요령과 습관
만 익히면 스스로 요리를 완성한다는 보람과 매력, 그리고 요
리라는 삶의 지혜에 눈을 뜨게 될 것이다.

초콜릿어 사전
Dolcerica 가가와 리카코 지음 | 이지은 옮김 | 260쪽 | 13,000원
사랑스러운 일러스트로 보는 초콜릿의 매력!
나른해지는 오후, 기력 보충 또는 기분 전환 삼
아 한 조각 먹게 되는 초콜릿 「초콜릿어 사전」
은 초콜릿의 역사와 종류, 제조법 등 기본 정보
와 관련 용어 그리고 그 해설을 유머러스하면서도 사랑스러
운 일러스트와 함께 싣고 있는 그림 사전이다.

사육 재배 도감
아라사와 시게오 지음 | 김민영 옮김 | 384쪽 | 18,000원
동물과 식물을 스스로 키워보자!
생명을 돌보는 것은 결코 쉬운 일이 아니다. 꾸
준히 손이 가고, 인내심과 동시에 책임감을 요
구하기 때문이다. 그럴 때 이 책과 함께 한다면
어떨까? 살아있는 생명과 함께하며 성숙해진 마음은 그 무엇
과도 바꿀 수 없는 보물로 남을 것이다.

판타지세계 용어사전
고타니 마리 감수 | 전홍식 옮김 | 248쪽 | 18,000원
판타지의 세계를 즐기는 가이드북!
온갖 신비로 가득한 판타지의 세계. 「판타지세
계 용어사전」은 판타지의 세계에 대한 이해를
돕고 보다 깊이 즐길 수 있도록, 세계 각국의 신
화, 전설, 역사적 사건 속의 용어들을 뽑아 해설하고 있으며,
한국어판 특전으로 역자가 엄선한 한국 판타지 용어 해설집
을 수록하고 있다.

식물은 대단하다
다나카 오사무 지음 | 남지연 옮김 | 228쪽 | 9,800원
우리 주변의 식물들이 지닌 놀라운 힘!
오랜 세월에 걸쳐 거목을 말려 죽이는 교살자
무화과나무, 딱지를 만들어 몸을 지키는 바나나
등 식물이 자신을 보호하는 아이디어, 환경에
적응하여 살아가기 위한 구조의 대단함을 해설한다. 동물은
흉내 낼 수 없는 식물의 경이로운 능력을 알아보자.

세계사 만물사전
헤이본샤 편집부 지음 | 남지연 옮김 | 444쪽 | 25,000원
우리 주변의 교통 수단을 시작으로, 의복, 각종
악기와 음악, 문자, 농업, 신화, 건축물과 유적
등, 고대부터 제2차 세계대전 종전 이후까지의
각종 사물 약 3000점의 유래와 그 역사를 상세
한 그림으로 해설한다.

그림과 사진으로 풀어보는 **마녀의 약초상자**
니시무라 유코 지음 | 김상호 옮김 | 220쪽 | 13,000원
「약초」라는 키워드로 마녀를 추적하다!
정체를 알 수 없는 약물을 제조하거나 저주와
마술을 사용했다고 알려진 「마녀」란 과연 어떤
존재였을까? 그들이 제조해온 마법약의 재료와
제조법, 마녀들이 특히 많이 사용했던 여러 종의 약초와 그에
얽힌 이야기들을 통해 마녀의 비밀을 알아보자.

고대 격투기
오사다 류타 지음 | 남지연 옮김 | 264쪽 | 21,800원
고대 지중해 세계의 격투기를 총망라!
레슬링, 복싱. 판크라티온 등의 맨몸 격투술에
서 무기를 활용한 전투술까지 풍부하게 수록한
격투 교본. 고대 이집트 · 로마의 격투술을 일러
스트로 상세하게 해설한다.

초콜릿 세계사
-근대 유럽에서 완성된 갈색의 보석
다케다 나오코 지음 | 이지은 옮김 | 240쪽 | 13,000원
**신비의 약이 연인 사이의 선물로 자리 잡기까지
의 역사!**
원산지에서 「신의 음료」라고 불렸던 카카오. 유럽 탐험가들에
의해 서구 세계에 알려진 이래, 19세기에 이르러 오늘날의 형
태와 같은 초콜릿이 탄생했다. 전 세계로 널리 퍼질 수 있었던
초콜릿의 흥미진진한 역사를 살펴보자.

에로 만화 표현사
키미 리토 지음 | 문성호 옮김 | 456쪽 | 29,000원
에로 만화에 학문적으로 접근하다!
에로 만화 주요 표현들의 깊은 역사. 복잡하게
얽힌 성립 배경과 관련 사건 등에 대해 자세히
분석해본다.

크툴루 신화 대사전
히가시 마사오 지음 | 전홍식 옮김 | 552쪽 | 25,000원
크툴루 신화 세계의 최고의 입문서!
크툴루 신화 세계관은 물론 그 모태인 러브크
래프트의 문학 세계와 문화사적 배경까지 총망
라하여 수록한 대사전이다.

아리스가와 아리스의 밀실 대도감
아리스가와 아리스 지음 | 김효진 옮김 | 372쪽 | 28,000원
41개의 놀라운 밀실 트릭!
아리스가와 아리스의 날카로운 밀실 추리소설
해설과 이소다 가즈이치의 생생한 사건현장 일
러스트가 우리를 놀랍고 신기한 밀실의 세계로
초대한다.

연표로 보는 과학사 400년
고야마 게타 지음 | 김진희 옮김 | 400쪽 | 17,000원
알기 쉬운 과학사 여행 가이드!
「근대 과학」이 탄생한 17세기부터 우주와 생명
의 신비에 자연 과학으로 접근한 현대까지, 파
란만장한 400년 과학사를 연표 형식으로 해설
한다.

제2차 세계대전 독일 전차
우에다 신 지음 | 오광웅 옮김 | 200쪽 | 24,800원
일러스트로 보는 독일 전차!
전차의 사양과 구조, 포탄의 화력부터 전차병의
군장과 주요 전장 개요도까지, 제2차 세계대전
의 전장을 누볐던 독일 전차들을 풍부한 일러
스트와 함께 상세하게 소개한다

구로사와 아키라 자서전 비슷한 것
구로사와 아키라 지음 | 김경남 옮김 | 360쪽 | 15,000원
거장들이 존경하는 거장
영화감독 구로사와 아키라의 반생을 회고한 자
서전. 구로사와 아키라의 영화가 사람들의 마음
을 움직였던 힘의 근원이 무엇인지, 거장의 성
찰과 고백을 통해 생생하게 드러난다.

유감스러운 병기 도감
세계 병기사 연구회 지음 | 오광웅 옮김 | 140쪽 | 14,800원
69종의 진기한 병기들의 깜짝 에피소드!
끝내 역사에 이름을 남기지 못하고 사라져간 진
기한 병기들의 애수 어린 기록들을 올컬러 일러
스트로 흥미진진하게 소개한다.